: 쿠 치 토

CUCITO
spring

KB101861

CUCITO/ 쿠치토 【名】
이탈리아어. 바느질이라는
의미. 소잉을 좋아하는 사람도,
처음하는 사람도 한땀한땀
소잉을 즐기기를 원하기
때문에 작은 소원을 담아
이름을 붙였습니다.

표지
촬영／藤田律子
헤어＆메이크업／鵜久森真二
모델／コスター実理
디자인／佐藤次洋

contents

첨부 부록 실물 크기 패턴에 대해서

이 책에는 첨부 부록으로 실물 크기 패턴이 2장 끼워져 있습니다. 게재작품들은 직선으로만 된 패턴과 일부의 소품을 제외하고는 실물 크기 패턴과 이를 이용해 응용하여 만드는 것이 가능합니다. 75페이지에 있는 「실물 크기 패턴 사용방법」을 잘 보신 후에 다른 종이에 옮겨 사용해 주세요.

(여아) 신장 101cm 착용사이즈 100cm
＊엄마는 M사이즈를 입고 있습니다.
　하지만 옷길이는 모델키에 맞춰 조절하였습니다.

집에서도 즐겨입는 커플룩 스타일

주말의 Wardrobe

따뜻해져 오는 날씨에 왠지 모르게 두근두근 설레는 봄. 외출하는 일도 잦아지기 마련이죠.
이럴 때, 직접 만든 커플룩을 입는다면 즐거움이 배가 될 거예요. 물론 아빠도 함께 말이죠～

촬영／藤田律子　모델／山田いづみ　헤어&메이크업／鵜久森真二　지면디자인／八木静香　담당／名取美香

1 · 3 · 4 **블라우스**
90 · 100 · 110 · 120cm
만드는 방법 106페이지

2 · 5 **튜닉**
S · M · L
만드는 방법 106페이지

51페이지 No.77의
팬츠와 함께 입어도
깜찍해요!

풍성한 스모킹이 있는 블라우스와 튜닉입니다.
봄 느낌이 물씬나는 부드러운 색감의 꽃무늬 또는 레이스와 안성맞춤입니다.

신장 94cm 착용사이즈 90cm

6 풀오버
S · M · L
만드는 방법 101페이지

7 풀오버
90 · 100 · 110 · 120cm
만드는 방법 102페이지

8 풀오버
90 · 100 · 110 · 120cm
만드는 방법 101페이지

9 풀오버
남성 M · L
만드는 방법 100페이지

밑단의 레이스가
사랑스러워요.

아빠것도
함께 준비해요.

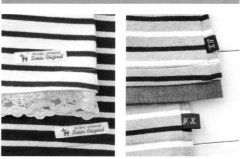

라벨을 붙여볼까요?

마음에 드는 작품에 장식라벨을 붙여보세요.
작품의 완성도가 한층 업그레이드 될 것입니다.

엄마와 딸은 2가지 색상을,
아빠와 아들은 3가지 색상을 사용한
스트라이프 니트 원단의 풀오버로 화사한 패밀리룩을 연출하였습니다.
엄마와 딸은 꽃무늬의 볼륨스커트를 매치하여
여성스러운 스타일로 완성했습니다.

10 스커트
90 · 100 · 110 · 120cm
만드는 방법 99페이지

11 스커트
S · M · L
만드는 방법 101페이지

12 · 13 슈슈
만드는 방법 85페이지

신장 98cm
착용사이즈 100cm

신장 108cm
착용사이즈 110cm

＊ 엄마는 M사이즈를 입고 있습니다. 하지만 옷길이는 모델키에 맞춰 조절하였습니다.

남은 자투리천을
연결하여
만들어 보세요!

12

13

11

10

질 좋은 리넨 무지원단은
멋쟁이 엄마와 딸 그리고 아들의
캐주얼 스타일에 안성맞춤입니다.
엄마와 여자아이는 가우초 팬츠,
남자아이는 넉넉한 팬츠를 입었습니다.
여기에 어울리는 가방과 모자도 함께 매치 해 주세요.

(여아) 신장 108cm   착용사이즈 110cm
(남아) 신장 98cm   착용사이즈 100cm
＊엄마는 M사이즈를 입고 있습니다.
　하지만 옷길이는 모델키에 맞춰 조절하였습니다.

라벨을 붙여볼까요?

마음에 드는 작품에 장식라벨을 붙여보세요.
작품의 완성도가 한층 업그레이드 될 것입니다.

No.16의 팬츠는
여자아이에게도
추천하고 싶은
아이템이에요!

신장 100cm
착용사이즈 100cm

20

21

20 원피스
90 · 100 · 110 · 120cm
만드는 방법 108페이지

21 스커트
S · M · L
만드는 방법 109페이지

22 · 23 슈슈
만드는 방법 80페이지

22

23

엄마와 여자아이의 봄옷 만들기

패치워크 스타일의 프린트 원단과 무지 원단을 조합하여 만든 스타일입니다.
엄마는 앞트임 개더스커트, 딸은 플라워 프린트 원피스!
여기에 함께 만든 슈슈를 매치하여 봄 분위기를 마음껏 즐겨보세요.

촬영／藤田律子　모델／山田いづみ　헤어&메이크업／鵜久森真二　작품제작／大貫真由美　지면디자인／佐藤次洋　담당／名取美香

고이즈미 컬렉션

〈무지〉 시리즈

내추럴 코튼과 리넨의 따뜻한 촉감 그리고 자연을 닮은 색감
14가지 컬러의 향연이 주는 선택의 즐거움
폭：110cm, 성분：Linen 20%, Cotton 80%

A-7
밀키 화이트

A-17
오트밀

A-2
네츄럴 베이지

A-1
Y 네츄럴

A-3
페일 브라운

A-16
민트

A-21
연핑크

A-18
딥레드

A-15
체리

A-12
라벤더

A-8
블루

A-9
인디고

A-6
페일 블랙

A-5
페일 그레이

〈깅검체크〉 시리즈

오래도록 사랑받는 만인의 패브릭 깅검체크 내추럴 컬러와
0.2cm폭의 은은한 체크 패턴이 작품의 감성을 업그레이드
폭：110cm, 성분：Linen 20%, Cotton 80%

코튼린넨 고이즈미 키나리 선염
깅검체크(0.2cm) - [B2]시나몬

코튼린넨 고이즈미 키나리 선염
깅검체크(0.2cm) - [B1]베이지

코튼린넨 고이즈미 키나리 선염
깅검체크(0.2cm) -[B3] 브라운

코튼린넨 고이즈미 키나리 선염
깅검체크(0.2cm) - [B5]블랙

〈핀스트라이프〉 시리즈

청아함, 깔끔함, 은은한 깨끗함 … 핀스트라이프 컬러 도화지
위에 그은 듯한 얇은 스트라이프 패턴이 주는 또 다른 느낌
폭：110cm, 성분：Linen 20%, Cotton 80%

· CLG/코튼린넨 고이즈미 Natural with Kinari 핀스트라이프

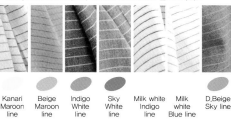

Kanari Maroon line | Beige Maroon line | Indigo White line | Sky White line | Milk white Indigo line | Milk white Blue line | D.Beige Sky line

· 코튼린넨 고이즈미 Natural 핀스트라이프[E5]

브라운x키나리
키나리x체리
페일블랙x키나리
키나리x민트

패치 컬렉션

〈전장패치〉 시리즈

무늬에 따라 만드는 재미가 쏠쏠한 전장패치 시리즈
상큼한 스트로베리, 시원한 마린 패치로 만드는 나만의 개성 있는 작품
폭：110cm, 성분：Linen 15%, Cotton 85%

· 코튼리넨 홈크라프트 스트로베리 전장패치

코튼리넨 홈크라프트 SK58001C
스트로베리 전장패치- 핑크

코튼리넨 홈크라프트 SK58001B
스트로베리 전장패치 - 밀크

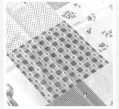
코튼리넨 홈크라프트 SK58001A
스트로베리 전장패치 - 키나리

· 코튼리넨 홈크라프트 스트로베리 전장패치

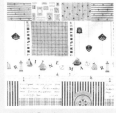
코튼리넨 홈크라프트 SK58001C
스트로베리 전장패치- 핑크

코튼리넨 홈크라프트 SK58001B
스트로베리 전장패치 - 밀크

코튼리넨 홈크라프트 SK58001A
스트로베리 전장패치 - 키나리

〈양면패치〉 시리즈

두가지 스타일을 한 번에 즐길 수 있는 양면패치 시리즈
한쪽 면은 패치스타일, 그리고 다른 한쪽은 도트스타일로 일석이조인 실용 패브릭
폭：110cm, 성분：Linen 20%, Cotton 80%

· 코튼리넨 양면 패치&도트(3mm)

코튼리넨 양면 패치&도트
(3mm) 36001-6E 모카

코튼린넨 양면 패치&도트
(3mm) 36001-6D 그린

코튼린넨 양면 패치&도트
(3mm) 36001-6C 라벤더

코튼린넨 양면 패치&도트
(3mm) 36001-6B 블루

· 코튼리넨 양면 패치&도트(3mm)

코튼리넨 양면 패치&도트
(3mm) 36001-6E 모카

코튼린넨 양면 패치&도트
(3mm) 36001-6D 그린

코튼린넨 양면 패치&도트
(3mm) 36001-6C 라벤더

코튼린넨 양면 패치&도트
(3mm) 36001-6B 블루

고이즈미컬렉션과 패치컬렉션의 원단은 심플소잉(www.simplesewing.co.kr) 및 전국 심플소잉NCC 대리점에서 구입하실 수 있습니다.

대표번호 1644-5744

사진설명서 첨부

초보자를 위한
심플한 옷 & 간단한 배치

아이들의 입학을 준비하면서 머신을 구입하는 엄마들이 많습니다.
벼르고 장만한 머신이니만큼 꼭 통학용품이 아니더라도 바느질에 빠져보세요.
그래서 쿠치토에서 특별히 패턴을 만드는 방법에서부터 완성까지를 사진으로 준비했습니다.
아이들은 엄마가 만든 옷을 분명 마음에 들어 할 것입니다.
24·25페이지에서는 간단한 무늬 배치 방법도 소개합니다. 꼭 한번 도전 해 보세요.

BASIC-1
원피스

스퀘어네크라인의
심플한 원피스는
아이들 옷에는 조금 큰 듯한
느낌이 드는 큰 체크나
스트라이프무늬에 잘 어울립니다.

WAO!

내가
가질거야~

안돼~
기다려~

하나씩
나눠갖자♡

24·25 원피스
90·100·110·120cm
만드는 방법 13페이지

25

24

촬영／藤田律子、腰塚良彦   지면디자인／佐藤次洋   일러스트／榊原良一   담당／名取美香、矢島悠子

실물 크기의 패턴은 **B면**
＊패턴·제도에 시접은 포함되어 있지 않습니다.

패턴 제도 (좌측)

소매안단

소매안단

심지

소매안단

a

0.2

틈임안단

틈임안단

뒤

소매
(No.24·28·31)

(No.25) 1.5

앞

좌측임멈춤

주머니

No.
24
·
28
·
31
(No.25)

0.1

1.5

뒤안단

뒷중심선 접힘

0.2 No.
24
·
28
·
31

단추 지름 =
1.3

좌측임멈춤

단추구멍
(왼쪽만)

앞안단

심지

앞중심선 접힘

0.2 No.
24
·
28
·
31

뒤
(No.25)

앞
(No.25)

주머니
다는 위치

1.5

1.5

재료

겉감(선염·No.24)112cm 폭
120cm 130cm 140cm 160cm
겉감(시팅·No.25)110cm 폭
110cm 120cm 170cm
겉감(네오크리스·No.28)107cm 폭
겉감(선염 스트라이프·No.31)110cm 폭
120cm 140cm 150cm 170cm
요요퀼트(No.28) 10cm폭 10cm
자수실MOCO(No.28)
접착심 100cm폭 20cm
단추 지름 1.3cm 2개
● 완성치수
(전체길이) 45.4cm 51.7cm 58cm 64.3cm
(소매길이) 36.3cm 39.4cm 44.3cm 48.5cm
(가슴둘레) 67cm 70cm 72cm 80cm

의 부분은 실물 크기의 패턴을 사용하였습니다.

··· 사이즈 표시 ···
90cm 사이즈 — ●
100cm 사이즈 — ●
110cm 사이즈 — ●
120cm 사이즈 — ●
1개 밖에 없는 숫자는 공통

만드는 순서

1 재료·도구를 준비한다.
2 패턴을 만든다.
3 원단 위에 패턴을
  올려놓고 자른다.
4 접착심을 자른다.
5 접착심을 붙인다.
6 표시점을 찍는다.
7 지그재그봉제 또는 오버록 처리한다.
8 소매를 몸판에 단다.
9 안단을 만든다.
10 틈임 안단을 만든다.
11 틈임 안단을 단다.
12 안단을 단다.
13 단추구멍을 만든다.
14 소맷부리를 접는다.
15 밑단을 접는다.
16 소매아래선부터 이어서
  옆선을 봉합한다.
17 소맷부리를 봉합한다.
18 밑단을 봉합한다.
19 주머니를 만들어 단다.
20 단추를 단다.
  완성

① 재료·도구를 준비한다.

부직포패턴지

다리미 시트

도구

NCC 매직 소잉머신

재료

겉감

두꺼운 종이

소프트 룰렛

샤프펜슬

수세형펜쵸크

접착심

은성다리미

실뜯게(리퍼)

쵸크 페이퍼

그레이딩자

단추

69형 암홀자

재단가위

종이가위

실크핀(시침핀)

바늘세트

단추용 실

코아사

② 패턴을 만든다.

3 무늬를 맞추기 위해 패턴을 모두 펼쳐 한장씩 베낀다.
앞·뒤·앞안단·뒤안단이 중심선 옆에 있기 때문에, 우측을 베끼고
나서 중심선을 접고 좌측을 베낀다. 소매·소매안단은 우측을 베끼고
나서 베껴놓은 종이를 뒤집어 좌측을 베낀다.

2 패턴위에 부
직포패턴지를
얹고 샤프펜슬
로 베낀다.

앞

A 패턴을 베낀다

1 첨부된 부록 실물 크기의 패턴 B면을 펼쳐, 남색의
24·25·28·31의 패턴을 찾는다.

24·25·26·31 新 前見返し 50·51 前

No.28 · 31 겉감 재단 방법

110cm 폭 (No.31)
107cm 폭 (No.28)

- 소매
  - 1.5 1.5
  - 4
- 트임 안단 (1장)
  - 1
- 소매 안단
  - 1
- 접힘 겉
- 주머니 2
- 앞안단 1
- 뒤안단 1

- 뒤
  - 1.5
  - 4
- 천을 자르고 다시 접는다
- 접힘 겉
- 앞
  - 1.5
  - 4
- 접힘

120 cm
140 cm
150 cm
170 cm

107cm 폭 (No.28)
110cm 폭 (No.31)

☐ =접착심 붙이는 위치

C 원단을 자른다

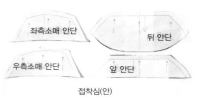

재단가위로 패턴의 끝을 따라 원단을 자른다.

④ 접착심을 자른다.

앞안단 · 뒤안단 · 소매안단의 안쪽에 접착심의
접착면(거칠거칠한 면)을 겹쳐 자른다.

- 좌측소매 안단
- 우측소매 안단
- 뒤 안단
- 앞 안단

접착심(안)

⑤ 접착심을 붙인다.

얇은 종이를 대고, 다리미로 붙인다.
다리미가 미끄러지지 않게 고르게 붙인다.

접착심
얇은종이

---

③ 원단위에 패턴을 놓고 자른다.

A 원단을 정돈한다

원단의 안쪽면에 스팀 다림질을 한다.

B 원단 위에 패턴을 놓는다

무늬 맞추는 방법은 78페이지를 참조

No.24 겉감 재단 방법

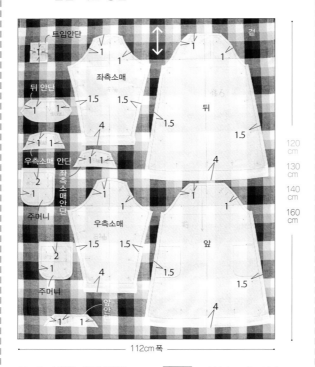

- 트임안단
  - 1.5
- 뒤 안단
  - 1
- 좌측소매
  - 1.5 1.5
  - 4
- 우측소매 안단
  - 1
- 좌측소매안단
  - 1
- 주머니
  - 1
- 우측소매
  - 1.5 1.5
  - 4
- 주머니
  - 2
- 주머니
  - 1 1

- 겉
- 뒤
  - 1.5
  - 1.5
  - 4
- 앞
  - 1.5
  - 1.5
  - 4

120 cm
130 cm
140 cm
160 cm

112cm 폭

No.25 겉감 재단 방법   ☐ =접착심 붙이는 위치

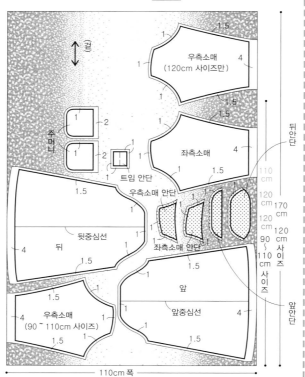

- 겉
- 우측소매
  - (120cm 사이즈만)
  - 1 1.5
  - 4 1.5 1.5
- 주머니
  - 1 2
  - 1 2
- 트임 안단 1
- 좌측소매
  - 1 4
  - 1.5
- 우측소매 안단 1
- 좌측소매 안단 1
- 뒤
  - 4
  - 뒷중심선
  - 1.5
- 우측소매
  - (90~110cm 사이즈)
  - 4 1
  - 1.5
- 앞
  - 1.5
  - 1.5
- 앞중심선
  - 4

뒤안단
앞안단

110 cm
120 cm
170 cm
120 cm
90~110 사이즈
120 사이즈

110cm 폭

B 시접을 붙인다

직선 부분의 시접 붙이는 방법

방안자를 사용하여 베껴둔 패턴의 바깥선에
평행하게 선을 긋는다.

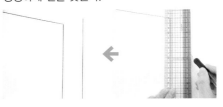

곡선 부분의 시접 붙이는 방법

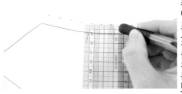

1 방안자를 사용하여 곡선 부분을 따라 바깥쪽에 표시점을 찍는다.

2 φ형 감촐자를 사용하여 표시점을 따라 선을 긋는다.

각성

C 패턴을 자른다

우측소매

1 패턴을 종이 가위로 바깥선을 따라 자른다. 단 소매 아래의 소맷부리 부분, 옆선의 밑단부분을 많이 남겨둔다.

2 패턴의 시접을 두 번 접는다.

3 접힌 상태로 종이 가위로 접은 선을 따라 자른다.

교차하는 부분은 이러한 시접 모양이 된다.

우측소매

⑩ 트임 안단을 만든다.

1 트임 안단을 두 번 접어 시침핀으로 고정한다.

트임 안단(안)

두 번 접음

2 봉합한다.

봉합

3 다림질로 시접을 솔기쪽으로 접는다.

트임 안단(안)

4 겉으로 뒤집는다.

트임 안단(겉)

5 지그재그 봉합한다.

트임 안단(겉)

지그재그 봉합

⑪ 트임 안단을 단다.

1 트임 안단을 시침핀으로 고정한다.

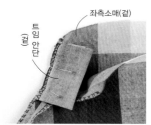

트임 안단(겉)

좌측소매(겉)

2 머신으로 봉합한다.

봉합

⑨ 안단을 만든다.

1 안단을 겉끼리 맞추고 시침핀으로 고정한다.

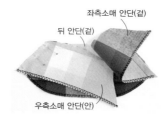

좌측소매 안단(겉)

뒤 안단(겉)

우측소매 안단(안)

2 봉합한다.

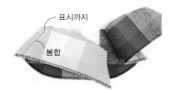

표시까지

봉합

3 다림질로 가름솔한다.

4 삐져나온 시접을 재단가위로 자른다.

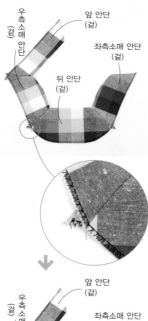

우측소매 안단(겉)

앞 안단(겉)

뒤 안단(겉)

좌측소매 안단(겉)

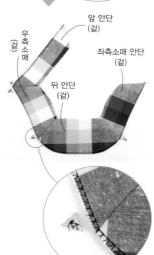

우측소매 안단(겉)

앞 안단(겉)

뒤 안단(겉)

좌측소매 안단(겉)

⑥ 표시점을 찍는다.

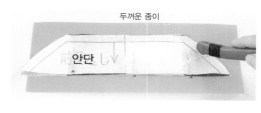

두꺼운 종이

안단

두꺼운 종이를 아래에 깔고, 원단 사이에 쵸크페이퍼를 끼운뒤 완성선을 소프트 룰렛으로 덧그려서 표시를 한다.

★봉합의 시작과 끝은 되돌아 박기를 하세요. 바늘땀이 보이게 눈에 띄는 색상의 실을 사용했지만, 실제로 만드실 때에는 원단색에 가까운 색의 실을 사용하세요.

지그재그 봉제 또는 오버록 처리하는 하는 위치

뒤 안단

앞 안단

소매 안단

주머니

소매

뒤

앞

⑦ 지그재그 봉제 또는 오버록 처리를 한다.

풀리지 않게 하기 위해 머신으로 처리한다.

처리한 곳이 울지않게 하기 위해 다리미로 눌러준다.

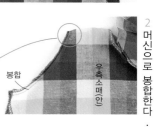

⑧ 소매를 몸판에 단다.

1 소매와 몸판을 겉끼리 맞추고 시침핀으로 고정시킨다.

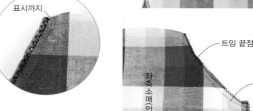

앞(겉)

우측소매(안)

좌측소매(안)

앞(겉)

2 머신으로 봉합한다.

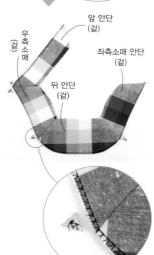

봉합

우측소매(안)

표시까지

트임 끝점

좌측소매(안)

봉합

3 다리미로 시접을 벌려준다.

트임 끝점

뒤(안)

좌측소매안

우측소매안

트임 끝점

앞(안)

⑭ 소맷부리를 접는다.

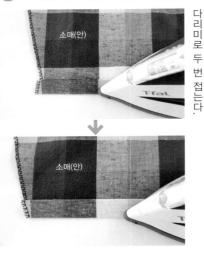

다리미로 두 번 접는다.

⑮ 밑단을 접는다.

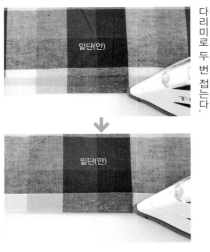

다리미로 두 번 접는다.

⑯ 소매아래선부터 이어서 옆선을 봉합한다.

1 앞과 뒤를 겉끼리 맞추고 시침핀으로 고정시킨다.

2 머신으로 봉합한다.

6 안단을 시침핀으로 고정시킨다.

7 머신으로 봉합한다.

봉합 0.2cm

⑬ 단추구멍을 만든다.

1 패턴을 놓고 단추구멍의 위치를 시침핀으로 표시한다.

2 수세형펜쵸크로 표시를 한다.

3 머신으로 단추구멍을 만든다.

4 구멍끝에 시침핀을 찔러 놓고 실뜯게를 사용하여 단추구멍을 연다.

---

⑫ 안단을 단다.

1 몸판과 안단을 겉끼리 맞춰 시침핀으로 고정시킨다.

2 머신으로 봉합한다.

3 곡선부분과 모서리에 가위집을 넣는다.

4 옷깃둘레의 시접을 솔기 가장자리부터 다림질로 접는다.

5 안단을 몸판 안쪽으로 뒤집고, 다림질로 정리한다.

⑳ 단추를 단다.

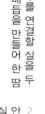

1 단추를 연결할 실을 두 줄로 매듭을 만들어 한 땀 뜬다.

2 단추와 트임 안단에 2~3회 실을 통과시킨다.

3 3~4회 실을 감는다.

4 한 번 더 트임 안단을 떠주고, 매듭을 만들어 실을 자른다.

5 완성

❀ 완성

앞

뒤

⑲ 주머니를 만들어 단다.

1 다리미로 주머니 입구를 접는다.

주머니(안)

2 시침핀으로 고정한다.

주머니(겉)

3 머신으로 봉합한다.

봉합

4 큰 땀으로 봉합한다.

곡선부분을 큰 땀으로 봉합

0.7cm

5 실을 당겨 다리미로 시접을 접는다.

주머니의 곡선에 맞춰 자른 두꺼운 종이

6 주머니 위치에 맞춰 시침핀으로 고정한다.

주머니(겉)

앞(겉)

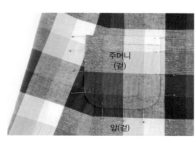

7 머신으로 봉합한다.

봉합

3 다림질로 가름솔한다.

⑰ 소맷부리를 봉합한다.

1 두 번 접은 소매 끝단을 시침핀으로 고정시킨다.

소매(겉)

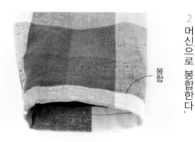

2 머신으로 봉합한다.

봉합

⑱ 밑단을 봉합한다.

1 조금 전 두 번 접어둔 공손을 시침핀으로 고정한다.

앞(안)

2 머신으로 봉합한다.

봉합

형아~
나도 빌려줘~

27

26

26 · 27 팬츠
90 · 100 · 110 · 120cm
만드는 방법 19페이지

아빠
받아요!

(우) 신장 96cm 착용사이즈 100cm
(좌) 신장 114cm 착용사이즈 110cm

어랏~?

에잇!

BASIC-2

팬 츠

허리에 배색천을 사용한
팬츠입니다.
넉넉한 스트레이트 핏으로
맵시나는 실루엣이 멋지군요.

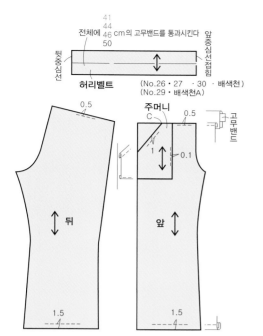

41
44
46 cm의 고무밴드를 통과시킨다
50

전체에

뒷중심선

허리벨트

(No.26 · 27 · 30 · 배색천)
(No.29 · 배색천A)

앞중심선접힘

0.5

주머니
C

0.5

고무밴드

1

0.1

뒤

앞

1.5

1.5

🔴 **재료**

겉감(광폭 선염 스트라이프·No.26)140cm폭
80cm 90cm 90cm 100cm
겉감(코튼리넨·No.27)110cm 폭
110cm 130cm 140cm 150cm
겉감(모리크로스·No 29)110cm폭
겉감(코튼리넨·No.30)110cm폭
110cm 130cm 140cm 150cm
배색천(광폭 선염 스트라이프·No.26)42cmW폭 10cm
배색천(코튼리넨·No.27)110cm폭 10cm
배색천(소프트니트·No.29)58cmW폭 10cm
배색천(니트원단·No.30)45cmW폭 10cm
아플리케용 원단 (No.29)
1.2cm폭의 장식테이프(No.29)15cm
와팬(No.29) 1개
3 cm폭의 고무밴드
45cm 50cm 50cm 55cm
● 완성치수
(전체길이) 51cm 58.5cm 65cm 71.5cm

⋯⋯ 사이즈 표시 ⋯⋯
90cm 사이즈 ― ●
100cm 사이즈 ― ●
110cm 사이즈 ― ●
120cm 사이즈 ― ●
1개 밖에 없는 숫자는 공통

⬭ 의 부분은 실물 크기의 패턴을 사용하였습니다.

27

26

29
30

🔲 **만드는순서**

1 재료·도구를 준비한다.	9 밑단을 접는다.
2 패턴을 만든다.	10 바지가랑이선을 봉합한다.
3 원단위에 패턴을 올려놓고 자른다.	11 밑단을 봉합한다.
4 표시점을 찍는다.	12 밑아래선을 봉합한다.
5 지그재그 봉제 또는 오버록 처리한다.	13 허리벨트를 만든다.
6 주머니를 만든다.	14 허리벨트를 단다.
7 주머니를 단다.	15 고무밴드를 통과시킨다.
8 옆선을 봉합한다.	완성

① 재료 · 도구를 준비한다.

도구

재료

샤프펜슬

부직포패턴지

69형 암홀자

은성다리미

NCC 매직 소잉머신

겉감

다리미 시트

소프트 룰렛

바이어스메이커

그레이딩자

배색천

실크핀(시침핀)

쵸크페이퍼

바늘세트

종이가위

재단가위

고무밴드

코아사

B 원단 위에 패턴을 놓는다
No.27 겉감 재단 방법

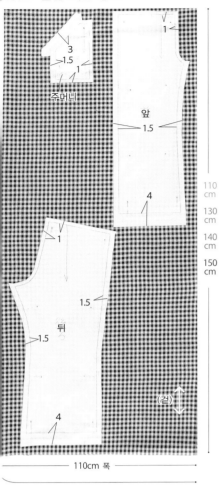

주머니

3
1.5
1

앞
1.5

4

1

1.5

뒤

1.5

(겉)

4

110
cm

130
cm

140
cm

150
cm

← 110cm 폭 →

No.27 배색천 재단 방법

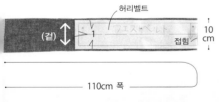

허리벨트

(겉)

1

접힘

10
cm

← 110cm 폭 →

No.26 겉감 재단 방법

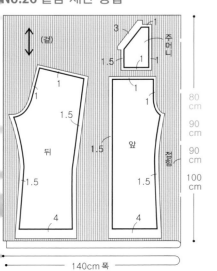

(겉)

3
1

주머니
1.5
1

1

1.5

뒤

1.5

1.5

앞

접힘

1.5

4

4

80
cm

90
cm

90
cm

100
cm

← 140cm 폭 →

C 패턴을 자른다

남겨둔다

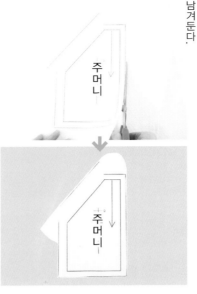

주머니

1 패턴을 종이 가위로 바깥선을 따라 자른다. 단 주머니의 옆선과 허리의 주머니 입술 부분. 옆선의 밑단부분을 많이

주머니

접는다.

2 패턴의 시접을 두 번

주머니

따라 종이 가위로 자른다.

3 접은 상태로 시접선을

주머니

모양이 된다.

교차하는 부분은 이와 같은 시접

③ 원단 위에 패턴을 올려놓고 자른다.

A 원단을 정돈한다

스팀다림질을 한다.

원단의 안쪽면을

---

② 패턴을 만든다.

A 패턴을 베낀다

1 첨부된 부록 실물 크기의 패턴 C면을 펼쳐, 남색의 26, 27, 29, 30의 패턴을 찾는다.

後ろ

2 패턴 위에 부직포패턴지를 얹고 샤프펜슬로 베낀다.

B 시접을 붙인다
직선 부분의 시접 붙이는 방법

방안자를 사용하여 베껴둔 패턴의 바깥선에 평행하게 선을 긋는다.

곡선 부분의 시접 붙이는 방법

1 방안자를 사용하여 곡선부분을 따라 바깥쪽에 표시점을 찍는다.

완성

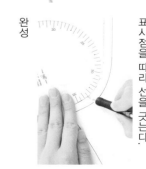

2 69형암홀자를 사용하여 표시점을 따라 선을 긋는다.

20

3 머신으로 봉합한다.

봉합

주머니
(겉)

4 다림질로 시접을 접는다.

주머니
(안)

⑦ 주머니를 단다.

1 주머니 위치에 맞춰 시침핀으로 고정한다.

주머니(겉)

앞(컷)

2 머신으로 봉합한다.

앞(컷)

봉합

3 앞의 옆선에 지그재그 봉제 또는 오버록 처리한다.

주머니(컷)

지그재그 봉제 또는 오버록 처리

앞(겉)

21

가운데 열

★봉합의 시작과 끝은 되돌아 박기를 하세요. 바늘땀이 보이기 쉽게 눈에 띄는 색상의 실을 사용했지만, 실제로 만드실 때에는 원단색에 가까운 색상의 실을 사용하세요.

뒤   앞

⑤ 지그재그 봉제 또는 오버록 처리한다.

지그재그 봉제 또는 오버록 처리하는 위치

1 시접의 잘린 끝이 풀리지 않도록 하기 위해 머신으로 정리해준다.

2 지그재그 봉제 또는 오버록 처리를 한 곳이 울지않게 다리미로 눌러준다.

직선 봉합 방법

머신으로 봉합이 잘 되지 않는 경우에는 속도를 한 단계 낮게 설정하여 천천히 봉합한다.

⑥ 주머니를 만든다.

1 다리미로 두 번 접는다.

주머니
(안)

주머니
(안)

2 시침핀으로 고정시킨다.

주머니
(겉)

No.26·29·30 배색천 재단 방법

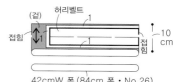

(겉) 허리벨트
1
접힘 1 접힘 10 cm
1

42cmW 폭(84cm 폭·No.26)
45cmW 폭(90cm 폭·No.30)
58cmW 폭(116cm 폭·No.29)

No.29·30 겉감 재단 방법

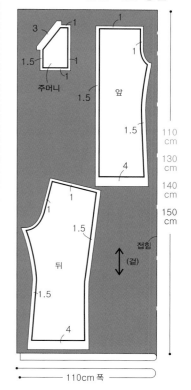

3 1 1
1.5 1
주머니 1
1.5 앞 1
1.5
1.5
4

1.5
뒤
1.5
4

접힘
(겉)

110 cm
130 cm
140 cm
150 cm

110cm 폭

C 원단을 자른다

재단가위로 패턴의 시접선을 따라 천을 자른다.

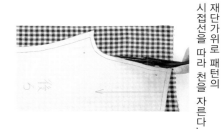

④ 표시점을 찍는다.

1 두꺼운 종이를 아래에 깔고, 원단 사이에 쵸크페이퍼를 끼운다.

두꺼운 종이

양면 쵸크페이퍼

2 완성선을 소프트 룰렛으로 덧그려서 표시를 한다.

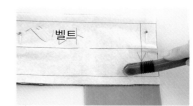

벨트

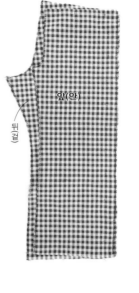

⑧ 옆선을 봉합한다.

1 앞과 뒤를 겉끼리 맞추고 시침핀으로 고정한다.

뒤(겉)　앞(안)

2 머신으로 봉합한다.

봉합

봉합

3 다림질로 가름솔한다.

⑨ 밑단을 접는다.

밑단을 두 번 접는다.

앞(안)

앞(안)

⑩ 바지가랑이선을 봉합한다.

뒤(겉)

앞(안)

1 앞과 뒤를 겉끼리 맞추고 시침핀으로 고정한다.

봉합

봉합

2 머신으로 봉합한다.

3 다리미로 가름솔한다.

① 밑단을 봉합한다.

앞(겉)

1 조금 전 두 번 접어둔 곳을 시침핀으로 고정한다.

봉합

2 머신으로 봉합한다.

② 밑아래선을 봉합한다.

좌측 팬츠(겉)

우측 팬츠(안)

1 우측 팬츠안으로 겉으로 뒤집은 좌측팬츠를 넣는다.

우측 팬츠(안)

2 시침핀으로 고정한다.

⑮ 고무밴드를 통과시킨다.

1 고무밴드를 통과시킨다.

고무밴드

2 1cm 겹쳐 봉합한다.

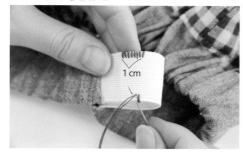

1cm

3 완성

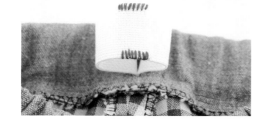

🌼 완성

앞

뒤

⑭ 허리벨트를 단다.

1 허리벨트를 맞추고 시침핀으로 고정한다.

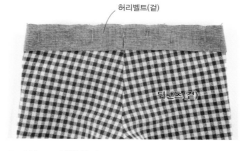

허리벨트(겉)

뒤팬츠(겉)

2 머신으로 봉합한다.

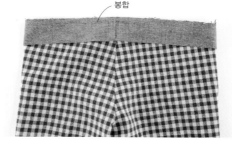

봉합

3 지그재그 봉합 또는 오버록 통솔처리한다.

지그재그 봉합 또는 오버록 통솔처리

4 다리미로 시접을 팬츠쪽으로 넘긴다.

팬츠(겉)

허리벨트(겉)

5 머신으로 봉합한다.

봉합

봉합

⑬ 허리벨트를 만든다.

3 머신으로 봉합한다.

봉합

4 다림질로 가름솔을 한다.

시침핀으로 고정한다.

허리벨트(안)

2 머신으로 봉합한다.

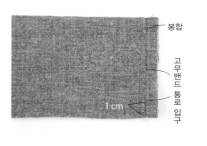

봉합

고무밴드 통로 입부

1 cm

3 다림질로 가름솔을 한다.

허리벨트(안)

접는다.

허리벨트(겉)

접는다

29

28

(여아) 신장 100cm 착용사이즈 100cm
(남아) 신장 101cm 착용사이즈 100cm

와팬도 달았어요~

자투리천과 장식테이프를
마구잡이로 달아주었어요~

조각천으로 만든 요요와
핸드스티치로 꽃모양을 plus.

자투리천이나 장식테이프, 와팬 등을 더하거나,
패브릭 잉크로 스탬프를 찍는 등 약간의 장식으로
여러 가지 배치를 해 보면서 즐겨보세요.

상표 느낌이 나는
스탬프로 핸드메이드
상품을 센스있게 up시키자.

ARRANGE-1
조각천으로

알파벳과 숫자를
마음에 드는 위치에
찍어보자.

ARRANGE-2
스탬프로

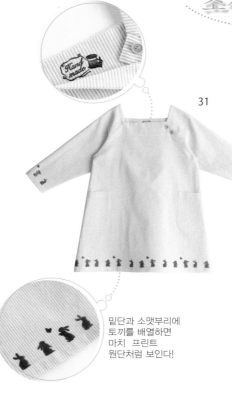

31

30

밑단과 소맷부리에
토끼를 배열하면
마치 프린트
원단처럼 보인다!

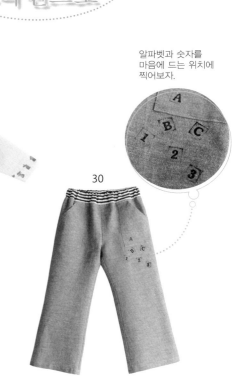

29 · 30 팬츠
90 · 100 · 110 · 120cm
만드는 방법 19페이지

28 · 31 원피스
90 · 100 · 110 · 120cm
만드는 방법 13페이지

24 페이지 28 의 도안

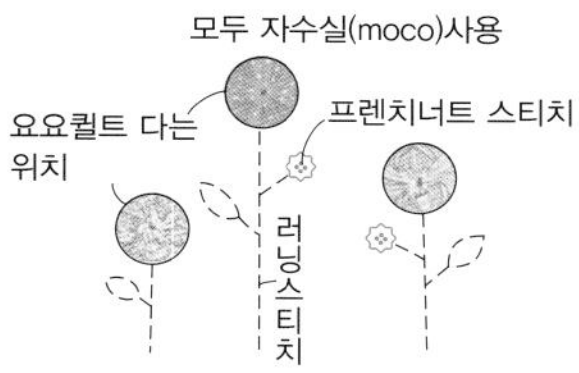

모두 자수실(moco)사용

요요퀼트 다는 위치

프렌치너트 스티치

러닝스티치

요요퀼트 하는 방법

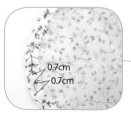

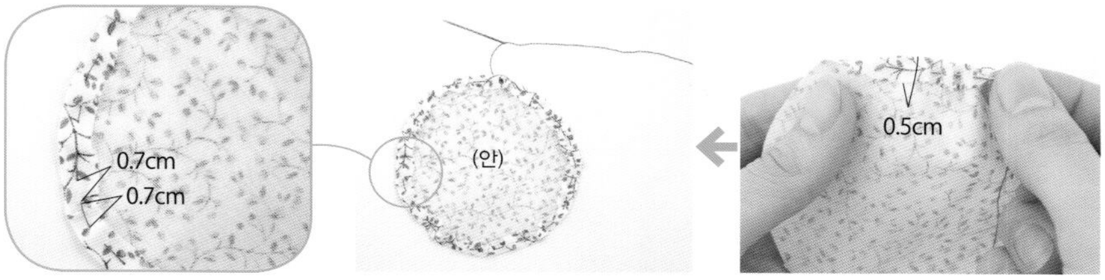

0.7cm
0.7cm

(안)

0.5cm

0.5cm

1 원 주위를 0.5cm 접어가며 봉합한다.

5 매듭을 짓는다.

4 바늘을 안쪽으로 빼낸다.

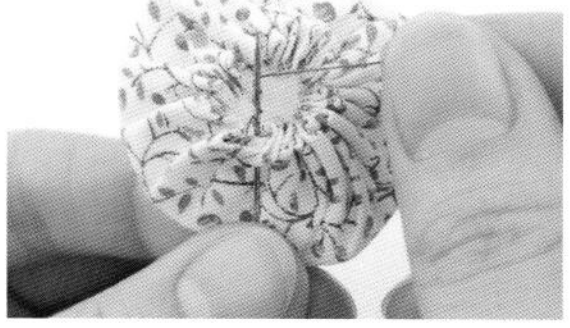

3 한 땀 뜬다.

2 실을 당겨 주름을 잡는다.

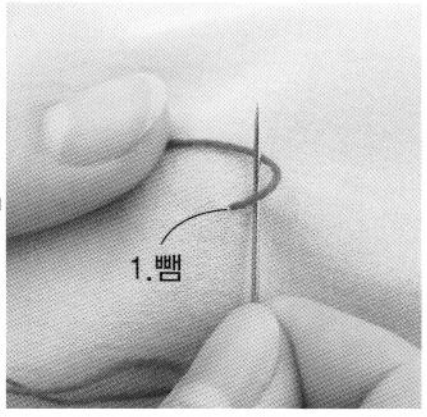

러닝스티치 하는 방법

3.뺌   1.뺌

2.넣음

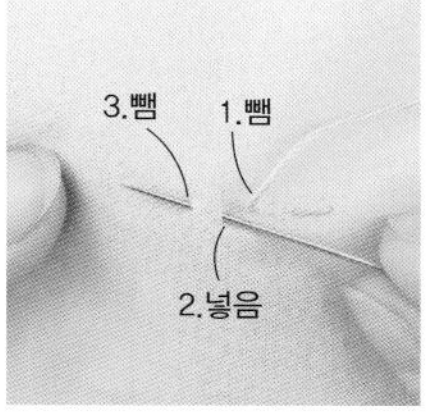

7 몸판에 고정한다.

6 바늘을 안쪽으로 통과시킨다.

아플리케의 크기

우   좌

장식테이프

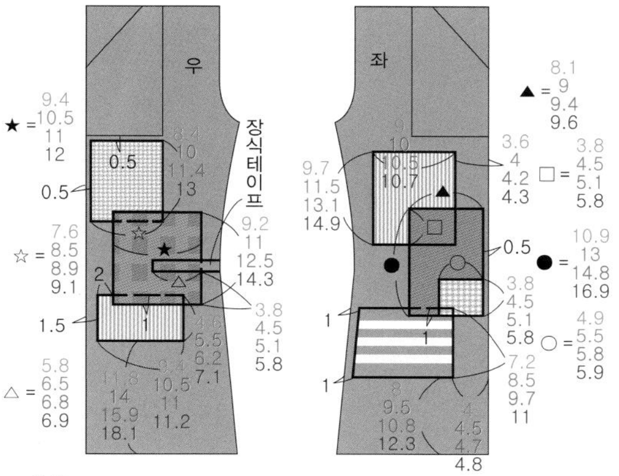

사이즈 표시

90cm 사이즈 —
100cm 사이즈 —
110cm 사이즈 —
120cm 사이즈 —
1개 밖에 없는 숫자는 공통

프렌치너트 하는 방법

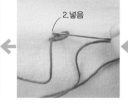

2.넣음

1.뺌

완성

* 「 7 주머니」를 단 후 아플리케를 단다.
* 실은 30수 봉제실을 사용.
* 와팬은 균형을 맞춰 답니다.

아플리케 만드는 방법

완성

3 머신으로 봉합한다.

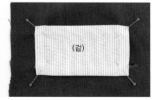

(겉)

2 시침핀으로 고정한다

(안)

1 다리미로 시접을 접는다.

코튼이나 실크 등 각종 원단에 사용 가능합니다.
스탬프를 찍은 후, 세탁에도 강한 versa craft,
목재나 테라코타에도 사용 가능합니다.

versa craft
L 사이즈 : 전 24색
S 사이즈 : 전 24색

스탬프 찍는 방법

31

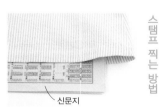

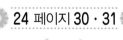

신문지

2 스탬프에 패브릭 잉크를 묻혀,
원단에 대고 누른다.

1 원단의 사이에 신문지 등을
끼운다.

30

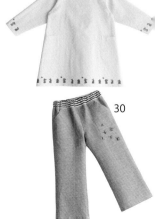

완성

덧대는천

3 마르고 나면, 천을 대고
다리미로 눌러준다.

신장 101cm 착용사이즈 100cm

peitamama 가토 요코씨의

여자아이에게 만들어주고 싶은 옷

인기 디자이너 가토 요코 씨가
CUCITO 소녀들을 위해 만들어 준 원피스＆조끼
부드러운 꽃무늬 리넨과 스칼럽 레이스의 조화가 멋쟁이들을 유혹합니다.

작품디자인·제작／加藤容子　촬영／藤田律子　헤어&메이크업／鵜久森真二
지면디자인／梅宮真紀子　일러스트／佐々木真由美　담당／名取美香、矢島悠子

노란색 원단에 붉은계열의
꽃무늬가 봄 분위기에 어울리는
리넨원피스. 앞 몸판의 턱주름의
풍성한 볼륨이 고급스럽고
여성스러운 느낌을 연출합니다.

32 원피스
90 ·100 ·110 ·120cm
만드는 방법 28페이지

원피스의 패턴을 변형시켜 만든 조끼는
멋내기를 위한 포인트 의상입니다.
팬츠스타일에도 잘 어울리므로
한 벌쯤은 가지고 있어도 좋을 편리한
아이템입니다.

33 조끼
90 ·100 ·110 ·120cm
만드는 방법 29페이지

활동적인
팬츠스타일에도
잘 어울려요~!

Peitamama [쁘띠마마]
가토 요코

직장에서 근무 후 양재학교를 다님. 그 후, 맞춤복 업체와 양재교실의 조수를
해가며 옷 만들기를 공부. 결혼하고 나서 아이를 출산한 후에는 아이옷이나
자신의 평상복을 만듬. 현재는 가사와 육아를 해가며, 작가로서 이벤트에
참가하거나, 잡지에 작품을 게재하는 등 바쁜 매일을 보내고 있음. 4월
중순에는 첫 서적인 「여자아이에게 만들어주고 싶은 여름 옷」 (가제) 을
출판 예정. 간단하게 만들 수 있는 깜찍한 아이템이 가득 실릴 예정으로
가토 요코씨만의 아이디어도 소개합니다.
홈페이지 http://members3.jcom.home.ne.jp/peitamama/

● 겉감 재단 방법 ●

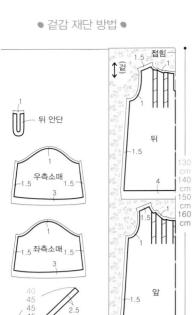

1

뒤 안단

1

우측소매

1.5　1.5

3

1

좌측소매

1.5　1.5

3

40
45
45
45

2.5

옷깃둘레천(1장)

110cm폭

1.5

접힘

1

겉

뒤

1.5

4

1.5

앞

4

▢ =접착심 붙이는 위치

┄┄ 사이즈 표시 ┄┄
90cm 사이즈 ─ ●
100cm 사이즈 ─ ●
110cm 사이즈 ─ ●
120cm 사이즈 ─ ●
1개 밖에 없는 숫자는 공통

재료 ● ● ● ● ● ● ● ●

겉감(리넨 캔버스 프린트) 110cm 폭
130cm　140cm　150cm　160cm
접착심 10cm폭 20cm
0.6cm폭의 고무밴드 50cm
단추 지름 1cm 1개
굵기 0.1cm의 둥근 고무밴드 5cm
● 완성치수
(전체길이) 52.5cm　58.5cm　64.5cm　70.5cm
(소매길이) 21.6cm　24　27.7cm　30.8cm
(가슴둘레) 63cm　66cm　68cm　74cm

0.5　1.2

0.5

좌측뒤　루프　우측뒤

단추 지름=1
루프 굵기=둥근고무밴드=0.1

뒤안단

0.1

1

봉합끝점

뒤중심선 접힘

뒤

1.5

봉합끝점

옷깃둘레천

앞중심선 접힘

앞

1.5

1

뒤　앞

소매

21
21 cm의 고무밴드를 통과시킨다
22
22

고무밴드

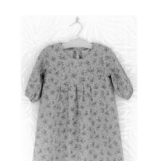

---

⑥ 소매아래선부터 이어서 옆선을 봉합한다.

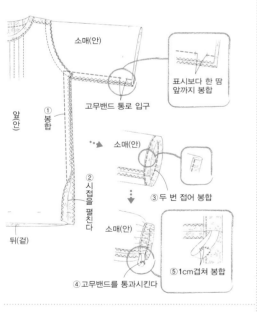

소매(안)

표시보다 한 땀 앞까지 봉합

고무밴드 통로 입구

앞(안)

① 봉합

② 시접을 펼친다

뒤(겉)

소매(안)

③ 두 번 접어 봉합

소매(안)

⑤1cm겹쳐 봉합

④ 고무밴드를 통과시킨다

⑦ 밑단을 봉합한다.

앞(겉)

두 번 접어 봉합

뒤(안)

⑧ 단추를 단다.

단추를 단다

뒤(겉)

◯ 의 부분은 실물 크기의 패턴을 사용합니다.

③ 어깨선을 봉합한다.(29페이지 참조)

④ 옷깃둘레를 봉합한다.(29페이지 참조)

⑤ 소매를 단다.

② 두 장 함께 지그재그 봉합 또는 오버록 통솔처리

① 봉합

앞(겉)　뒤(겉)

소매(안)

앞(안)　뒤(안)

③ 시접을 소매쪽으로 넘긴다

소매(안)

32의 만드는 방법

봉합의 시작과 끝은 되돌아박기를 하세요.

● 봉합 시작 전에 ●
옆·어깨·안단끝·소매아래 원단 끝에 지그 재그 봉제 또는 오버록 처리를 합니다.

① 턱주름을 만든다.

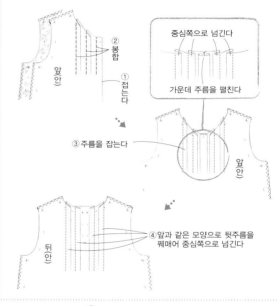

앞(안)

② 봉합

① 접는다

중심쪽으로 넘긴다

가운데 주름을 펼친다

③ 주름을 잡는다

앞(안)

뒤(안)

④ 앞과 같은 모양으로 뒷주름을 꿰매어 중심쪽으로 넘긴다

② 뒤트임을 만든다.

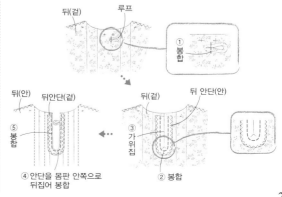

뒤(겉)　루프

① 봉합

뒤(안)　뒤안단(겉)　뒤(겉)　뒤 안단(안)

⑤ 봉합

③ 가위집

② 봉합

④ 안단을 몸판 안쪽으로 뒤집어 봉합

● 제도 ●

끈

0.9

←→

114
120
126
132

0.1

봉합하여 고정한다

9.7
10
10.2
10.4

뒷중심선

뒤(안)

봉합하여 고정한다

18
19
20
21

끈

앞(겉)

재료 ● ● ● ● ● ● ● ● ● ● ● ● ●

겉감(워싱 단샤링) 110cm 폭
120cm 130cm 130cm 140cm
1.27cm 의 바이어스테이프
140cm 145cm 155cm 160cm
★끈의 실물 크기 패턴은 들어있지 않습니다.
●완성치수
(전체길이) 48cm 53cm 58cm 63cm
(가슴둘레) 87cm 90cm 92cm 98cm

실물 크기의 패턴은 **B**면
※패턴·제도에 시접은 포함되어 있지 않습니다.

┌─── 사이즈 표시 ───┐
90cm 사이즈 ─ ●
100cm 사이즈 ─ ●
110cm 사이즈 ─ ●
120cm 사이즈 ─ ●
1개 밖에 없는 숫자는 공통
└──────────────┘

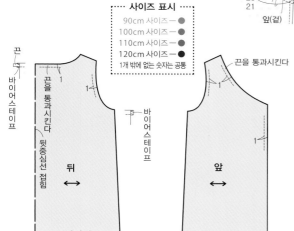

끈
바이어스테이프

끈을 통과시킨다

뒷중심선 접힘

뒤 ↔

끈을 통과시킨다

바이어스테이프

앞 ↔

1

● 겉감 재단 방법 ●

1
0.9
0.9
끈
접힘

3
앞
스칼럽
1.5
1.5

1
1.5   1.5
뒤
1

120cm
130cm
130cm
140cm

110cm폭

◯ 의 부분은 실물 크기의 패턴을 사용합니다.

④ **옆선을 봉합한다.**

뒤(겉)

앞(안)

① 봉합

② 시접을 펼친다

⑤ **끈을 만든다.**

끈(안) ①접는다

끈(안) ②접는다

③봉합   끈(겉)

⑥ **끈을 통과시킨다.**

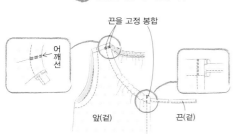

어깨선

끈을 고정 봉합

앞(겉)   끈(겉)

③ **옷깃둘레·소매둘레를 봉합한다.**

① 바이어스테이프를 옷깃둘레·소매둘레의 곡선에 맞추어 다림질한다.

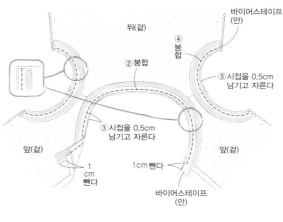

뒤(겉)
바이어스테이프(안)
④ 봉합
② 봉합
⑤ 시접을 0.5cm 남기고 자른다
③ 시접을 0.5cm 남기고 자른다
1cm 뺀다
바이어스테이프(안)
앞(겉)   앞(겉)
1cm 뺀다

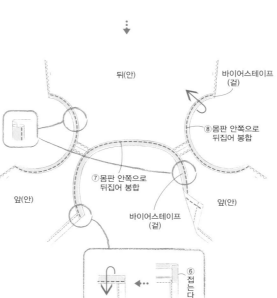

뒤(안)
바이어스테이프(겉)
⑧ 몸판 안쪽으로 뒤집어 봉합
⑦ 몸판 안쪽으로 뒤집어 봉합
앞(안)   앞(안)
바이어스테이프(겉)

⑥ 접는다

33의 만드는 방법
봉합의 시작과 끝은 되돌아 박기를 하세요.
● 봉합 시작 전에 ●
옆·어깨 원단 끝에 지그재그 봉제
또는 오버록 처리를 합니다.

① **앞단을 봉합한다.**

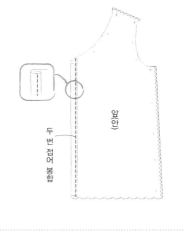

앞(안)

두 번 접어 봉합

② **어깨선을 봉합한다.**

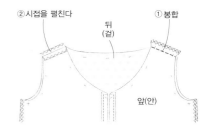

② 시접을 펼친다
뒤(겉)
① 봉합

앞(안)

룰루랄라~♪ 외출해요~♪♪

봄의 베이비웨어

따스한 햇살의 유혹에 아이를 데리고 외출하고 싶은 계절이 왔어요~
이번호에서는 이러한 외출에 딱 알맞는 의상과 소품을 소개합니다.

촬영／藤田律子　지면디자인／紫垣和江　일러스트／榊原由香里　담당／名取美香、矢島悠子

신장 62cm

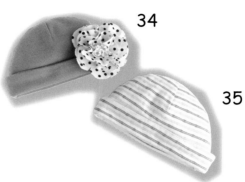

34

35

티셔츠와 팬츠가 세트인 롬퍼스와 그에 어울리는 모자.

남자아이는 리버시블 니트원단으로

양면 모두 효과적으로 사용하였고,

여자아이는 스커트풍의 프릴과 코사지로 깜찍함을 표현했습니다.

37

36

35 모자
머리둘레 42cm 전후
만드는 방법 81페이지

36 · 37 롬퍼스
60~70cm
만드는 방법 36페이지

39

38

34 모자
머리둘레 42cm 전후
만드는 방법 81페이지

38 · 39 롬퍼스
60~70cm
만드는 방법 36페이지

신장 65cm

신장 76cm　착용사이즈 80cm

42

43

41

마린 스트라이프가 가득한 닻 모양의 더블거즈로
세일러칼라의 풀오버를 만들었습니다.
여기에 어울리는 모자가 있다면 한층 더 멋스럽겠죠?

40 · 41 모자
사이즈 48 · 50cm
만드는 방법 80페이지
42 · 43 풀오버
70 · 80cm
만드는 방법 38페이지

40

신장 82cm　착용사이즈 80cm

밖에서 마음껏 뛰어놀게 해 주고 싶은 계절이 되면
몇 벌이라도 갖고 싶어지는 몽키팬츠!
여자아이에게는 프릴을 달아주는 것도 GOOD!!

44 · 45 몽키팬츠
70 · 80cm
만드는 방법 40페이지

44

45

라벨을 붙여볼까요?

마음에 드는 작품에 장식라벨을
붙여보세요. 작품의 완성도가 한층
업그레이드 될 것입니다.

33

신장 82cm　착용사이즈 80cm

끈을 이용해 고정시킨 단추가 포인트인 조끼와
셔링잡힌 밑단이 포인트인 몽키팬츠.
어느 한 곳도 멋지지 않은 곳이 없어 멋쟁이들을 더욱 설레게 합니다.

49

48

47

46

48 · 49 몽키팬츠
70 · 80cm
만드는 방법 38페이지

46 · 47 조끼
70 · 80cm
만드는 방법 39페이지

34

70 · 80cm
for Baby

신장 76cm   착용사이즈 80cm

51

50

입기 편한 앞트임 원피스입니다.
무지와 체크를 조합하여 사용하거나
컬러풀한 도비체크 등으로 만들면 더욱 좋습니다.
34페이지 No.49의 몽키팬츠와 함께 입어주면 더 멋스럽답니다.

50 · 51 원피스
70 · 80cm
만드는 방법 41페이지

재료 • • • • • • • •

겉감(리버시블 니트・No.37)160cm폭 70cm
겉감(리버시블 자카드니트・No.36)150cm폭 70cm
1.1cm 폭의 니트테이프 90cm
2 cm 폭의 줄스냅단추 25cm
스냅단추 4쌍
●완성치수
(전체길이) 45cm
(소매길이) 22.5cm
(가슴둘레) 58cm

● 겉감 재단 방법 ●

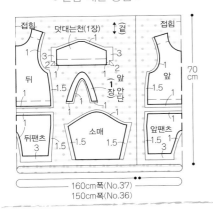

160cm폭(No.37)
150cm폭(No.36)

● 제도 ●

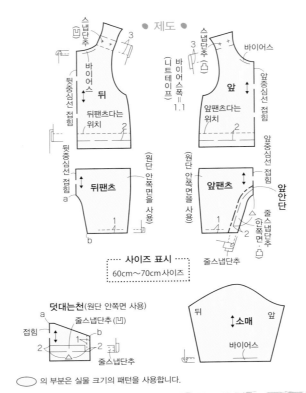

⋯⋯ 사이즈 표시 ⋯⋯
60cm~70cm사이즈

덧대는천(원단 안쪽면 사용)

의 부분은 실물 크기의 패턴을 사용합니다.

37   36

39   38

재료 • • • • • • • •

겉감(다이마루 무지・No.38)46cmW폭 70cm
겉감(니트다이마루・No.39)92cm 폭 110cm
배색천A(다이마루 무지・No.38)46cmW폭 50cm
배색천B(시팅 물방울프린트・No.38) 110cm폭 20cm
배색천(코튼리넨・No.39)110cm폭 20cm
1.1cm 폭의 니트테이프 (No.39)90cm
1.5cm 폭의 토션레이스 (No.38)60cm
1 cm 폭의 토션레이스 (No.39)60cm
2 cm 폭의 줄스냅단추 25cm
스냅단추 4쌍
★프릴의 실물 크기의 패턴은 들어있지 않습니다.
●완성치수
(전체길이) 45cm
(소매길이) 22.5cm
(가슴둘레) 58cm

●No.38 배색천・No.39 배색천의 재단 방법●

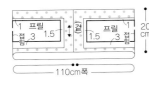

110cm폭

● No.38 배색천 A의 재단 방법 ●

46cmW폭(92cm폭)

● No.4 겉감 재단 방법 ●

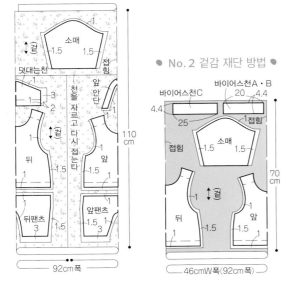

92cm 폭

● No.2 겉감 재단 방법 ●

46cmW폭(92cm폭)

● 제도 ●

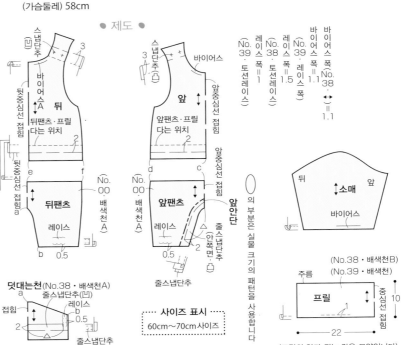

덧대는천(No.38・배색천A)

⋯⋯ 사이즈 표시 ⋯⋯
60cm~70cm사이즈

의 부분은 실물 크기의 패턴을 사용합니다

(No.38・배색천B)
(No.39・배색천)

프릴

22   10

(프릴의 앞과 뒤는 같은 모양입니다)

⑨ 허리를 맞춰 봉합한다.

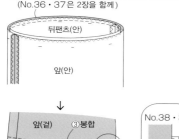

①3장을 함께 지그재그 봉합 또는 오버록 통솔처리
(No.36·37은 2장을 함께)

뒤팬츠(안)

앞(안)

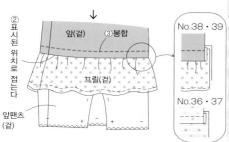

표시된 위치로 접는다

앞(겉) ③봉합

No.38·39

프릴(겉)

No.36·37

앞팬츠(겉)

⑩ 앞 안단을 달고 밑단을 봉합한다.

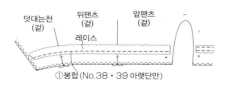

덧대는천(겉) 뒤팬츠(겉) 앞팬츠(겉)

레이스

①봉합(No.38·39 아랫단만)

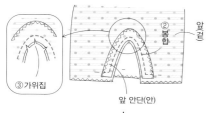

②봉합

앞(겉)

③가위집

앞 안단(안)

④앞 안단을 겉으로 뒤집는다

앞팬츠(안) 뒤팬츠(안) 덧대는천(안)

⑤접는다

No.38·39 No.36·37

⑥봉합(윗단)

레이스 ⑥두 번 접어 봉합

⑪ 줄스냅단추를 단다.

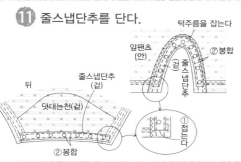

턱주름을 잡는다

앞팬츠(안) ②봉합

줄스냅단추(겉)

뒤

줄스냅단추(겉)

덧대는천(겉)

②봉합 ①접는다

⑫ 스냅단추를 단다.

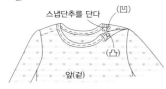

스냅단추를 단다 (凹)

(凸)

앞(겉)

---

⑤ 소매아래선부터 옆선을 'ㄱ'자 모양으로 봉합한다.

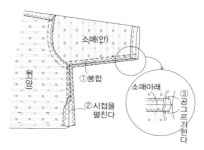

소매(안)

뒤(안) ①봉합

소매아래

②시접을 펼친다

③공그르기한다

⑥ 덧대는천을 단다.

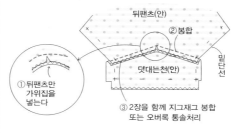

뒤팬츠(안) ②봉합

밑선

덧대는천(안)

①뒤팬츠만 가위집을 넣는다

③2장을 함께 지그재그 봉합 또는 오버록 통솔처리

⑦ 팬츠의 옆선을 봉합한다.

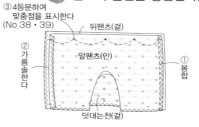

③4등분하여 맞춤점을 표시한다 (No.38·39)

뒤팬츠(겉)

②가름솔을 한다

앞팬츠(안)

①봉합

덧대는천(겉)

⑧ 프릴을 만들어 단다. (No.38·39)

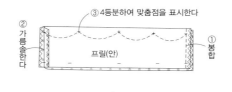

③4등분하여 맞춤점을 표시한다

②가름솔을 한다

프릴(안) ①봉합

⑤큰 땀으로 봉합

프릴(겉) 0.5cm

프릴(안) 0.2cm

④두 번 접어 봉합

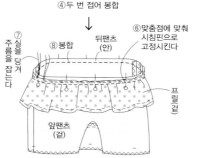

⑦실을 당겨 주름을 잡는다

⑧봉합 뒤팬츠(안)

⑥맞춤점에 맞춰 시침핀으로 고정시킨다

앞팬츠(겉)

프릴(겉)

---

① 어깨선을 봉합한다.

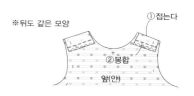

※뒤도 같은 모양

①접는다

②봉합

앞(안)

② 옷깃둘레를 바이어스 처리한다.

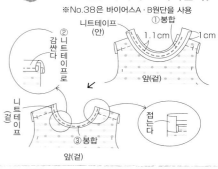

※No.38은 바이어스A·B원단을 사용

①봉합

니트테이프(안)

1.1cm 1cm

②감싼다

니트테이프로

앞(겉)

니트테이프(겉)

③봉합

앞(겉)

접는다

③ 소맷부리를 바이어스 처리한다.

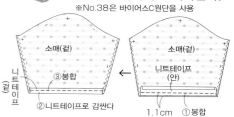

※No.38은 바이어스C원단을 사용

소매(겉) 소매(겉)

니트테이프(겉) 니트테이프(안)

③봉합

②니트테이프로 감싼다

1.1cm ①봉합

④ 소매를 단다.

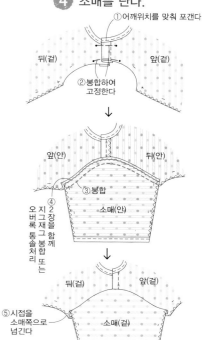

①어깨위치를 맞춰 포갠다

뒤(겉) 앞(겉)

②봉합하여 고정한다

앞(안) 뒤(안)

③봉합

소매(안)

④오버록 2장을 함께 지그재그재봉 통솔봉합 처리 또는

뒤(겉) 앞(겉)

⑤시접을 소매쪽으로 넘긴다

소매(겉)

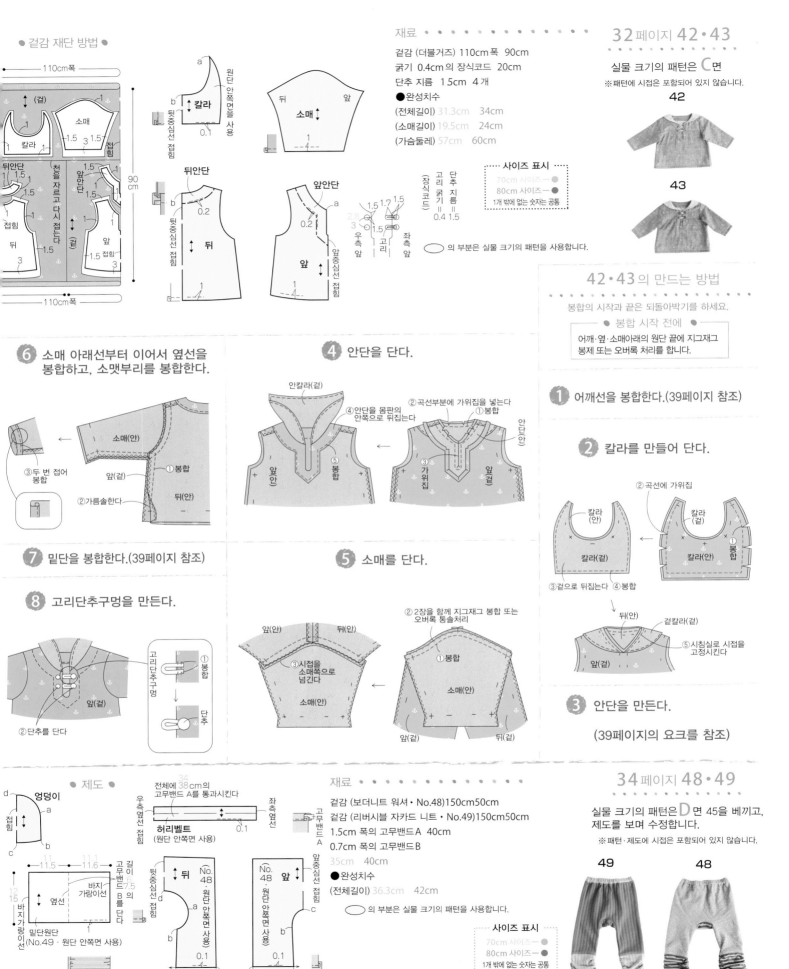

● 겉감 재단 방법 ●

- 110cm폭 -

90cm

- 110cm폭 -

재료 ● ● ● ● ● ● ● ● ● ●
겉감 (더블거즈) 110cm 폭 90cm
굵기 0.4cm의 장식코드 20cm
단추 지름 1.5cm 4개
● 완성치수
(전체길이) 31.3cm 34cm
(소매길이) 19.5cm 24cm
(가슴둘레) 57cm 60cm

┌─ 사이즈 표시 ┈┈┐
│ 70cm 사이즈 ─ ●
│ 80cm 사이즈 ─ ●
│ 1개 밖에 없는 숫자는 공통
└┈┈┈┈┈┈┈┈┈┈┘

◯ 의 부분은 실물 크기의 패턴을 사용합니다.

32 페이지 42·43

실물 크기의 패턴은 C면
※ 패턴에 시접은 포함되어 있지 않습니다.

42

43

42·43 의 만드는 방법

봉합의 시작과 끝은 되돌아박기를 하세요.
● 봉합 시작 전에 ●
어깨·옆·소매아래의 원단 끝에 지그재그
봉제 또는 오버록 처리를 합니다.

① 어깨선을 봉합한다.(39페이지 참조)

② 칼라를 만들어 단다.

③ 안단을 만든다.
(39페이지의 요크를 참조)

⑥ 소매 아래선부터 이어서 옆선을
봉합하고, 소맷부리를 봉합한다.

④ 안단을 단다.

⑦ 밑단을 봉합한다.(39페이지 참조)

⑤ 소매를 단다.

⑧ 고리단추구멍을 만든다.

제도

재료 ● ● ● ● ● ● ● ● ● ●
겉감 (보더니트 워셔·No.48)150cm50cm
겉감 (리버시블 자카드 니트·No.49)150cm50cm
1.5cm 폭의 고무밴드A 40cm
0.7cm 폭의 고무밴드B
35cm 40cm
● 완성치수
(전체길이) 36.3cm 42cm

◯ 의 부분은 실물 크기의 패턴을 사용합니다.

┌─ 사이즈 표시 ┈┈┐
│ 70cm 사이즈 ─ ●
│ 80cm 사이즈 ─ ●
│ 1개 밖에 없는 숫자는 공통
└┈┈┈┈┈┈┈┈┈┈┘

34 페이지 48·49

실물 크기의 패턴은 D면 45을 베끼고,
제도를 보며 수정합니다.
※ 패턴·제도에 시접은 포함되어 있지 않습니다.

49   48

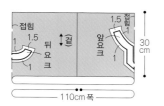

● No.46배색천 재단 방법 ●

접힘 1.5 | 뒤 요 크 | 겉 | 앞 요 크 | 1.5 접힘
30cm
110cm 폭

● 겉감 재단 방법 ●

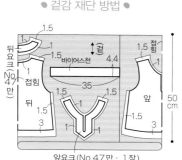

뒤요크(No.47만) | 바이어스천 4.4 | 접힘
1.5 | 35 | 앞
뒤 1.5 | Y | 앞 1.5
3 | 3
앞요크(No.47만 · 1장)
150cm폭(No.47)
130cm폭(No.46)

재료 · · · · · · · · · · · ·
겉감(비엘라 · No 46)130cm폭 50cm
겉감(보더니트 워셔 · No.47)150cm폭 50cm
배색천(데님 · No.46)110cm폭 30cm
굵기 0.4cm의 장식코드 20cm
단추 지름 1.5cm 4개
● 완성치수
(전체길이) 31.3cm 34cm
(가슴둘레) 57cm 60cm

사이즈 표시
70cm 사이즈― ●
80cm 사이즈― ●
1개 밖에 없는 숫자는 공통

바이어스(↔)폭=1
단추지름 고리굵기(장식코드) = 0.41.5

◯ 의 부분은 실물 크기의 패턴을 사용합니다.

● 제도 ●

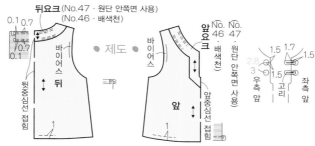

뒤요크(No.47 · 원단 안쪽면 사용)
(No.46 · 배색천)
0.1 0.7
0.7
0.1
뒷중심선 접힘
바이어스천
뒤
1

앞요크 No.46 배색천 No.47 · 원단 안쪽면 사용
바이어스
앞
앞중심선 접힘
1

1.5 1.7 1.5
2.8 1.5
우측 앞 | 고리 | 좌측 앞

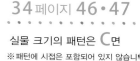 46

 47

46·47 의 만드는 방법

봉합의 시작과 끝은 되돌아박기를 하세요.

● 봉합 시작 전에 ●
어깨·옆선의 원단 끝에 지그재그 봉제
또는 오버록 처리를 합니다.

③ 요크를 단다.

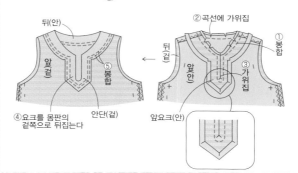

뒤(안)
앞겉 | ⑤봉합
④요크를 몸판의 겉쪽으로 뒤집는다
안단(겉)

②곡선에 가위집
뒤(겉)
앞(안)
①봉합
③가위집
앞요크(안)

① 어깨선을 봉합한다.

②가름솔한다
①봉합
앞(안)
뒤(겉)

⑤ 옆선을 봉합한다.

뒤(겉)
②가름솔을 한다
①봉합
앞(안)

④ 소매둘레를 봉합한다.

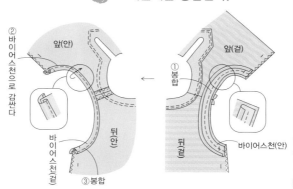

②바이어스천으로 감싼다
앞(안)
바이어스천(겉)
③봉합
뒤(안)

앞(겉)
①봉합
뒤(겉)
바이어스천(안)

② 요크를 만든다.

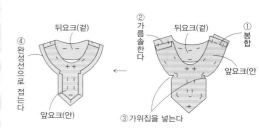

④완성선으로 접는다
뒤요크(겉)
②가름솔을 한다
①봉합
뒤요크(겉)
앞요크(안)
앞요크(안)
③가위집을 넣는다

⑥ 밑단을 봉합한다.

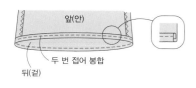

앞(안)
두 번 접어 봉합
뒤(겉)

⑦ 고리단추구멍을 단다.

(38페이지 참조)

---

③ 밑단천을 만들어 단다.

앞(겉)
⑨봉합
봉합
밑단천(겉)
⑧시접을 팬츠쪽으로 넘기다

②봉합
밑단천(안)
③늘려가며 고무밴드B를 봉합
밑단천(안)
②봉합
앞(겉)
⑥봉합
⑤봉합
밑단천(겉)
⑦2장을 함께 지그재그 봉합 또는 오버록 통솔처리
④두 번 접음

밑단천(안)
①고무밴드B를 늘려가며 봉합

④ 허리벨트를 만들어 단다.
(40페이지 참조)

⑤ 고무밴드를 통과시킨다.
(40페이지 참조)

48·49의 만드는 방법

봉합의 시작과 끝은 되돌아박기를 하세요.

● 봉합 시작 전에 ●
옆·엉덩이천·바지가랑이의 원단 끝에
지그재그 봉제 또는 오버록 처리를 합니다.

① 엉덩이를 봉합한다.
(40 페이지 참조)

② 옆선·바지가랑이선을 봉합한다.
(40 페이지 참조)

● 겉감 재단 방법 ●

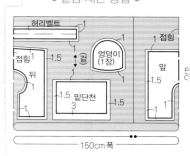

허리벨트
접힘 | 뒤 | 엉덩이(1장) | 앞
1.5 | 밑단천 3 | 1.5
150cm 폭

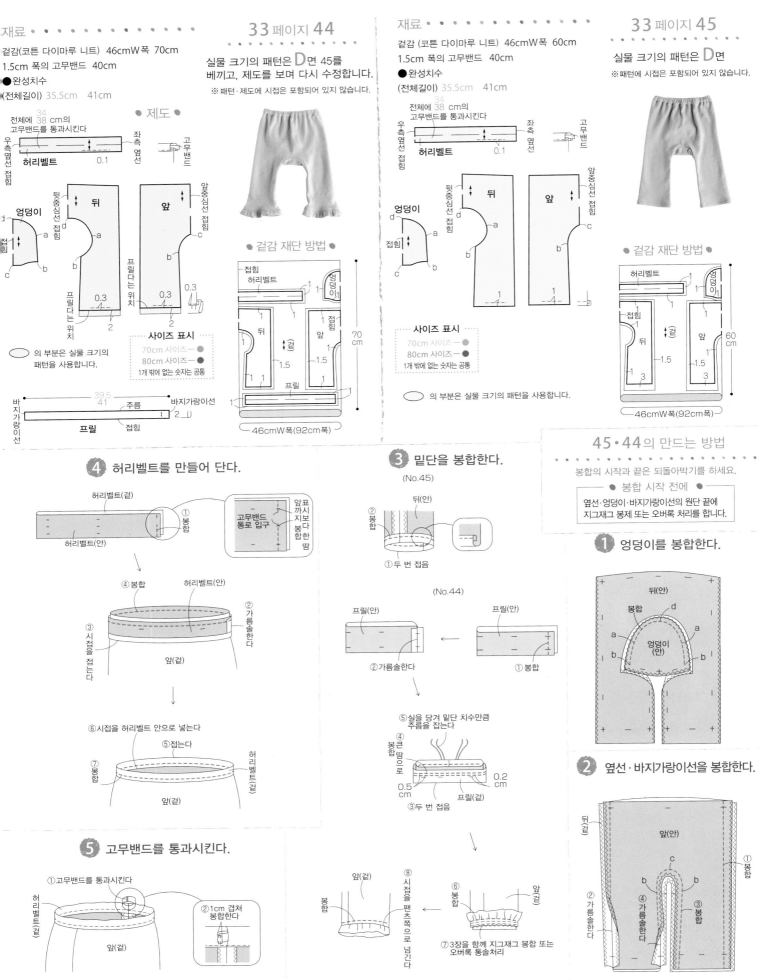

재료 • • • • • • • •
겉감(코튼 다이마루 니트) 46cmW폭 70cm
1.5cm 폭의 고무밴드 40cm
●완성치수
(전체길이) 35.5cm 41cm

실물 크기의 패턴은 D면 45를
베끼고, 제도를 보며 다시 수정합니다.
※패턴・제도에 시접은 포함되어 있지 않습니다.

● 제도 ●

전체에 34 38 cm의
고무밴드를 통과시킨다
허리벨트
좌측 옆선
우측 옆선 접힘
0.1
고무밴드

엉덩이
뒤
앞
뒷중심선 접힘
앞중심선 접힘
접힘
d
a
b
c
a
b
프릴다는 위치
0.3
0.3
0.3
2
2
프릴다는 위치

의 부분은 실물 크기의
패턴을 사용합니다.

사이즈 표시
70cm 사이즈 —●
80cm 사이즈 —●
1개 밖에 없는 숫자는 공통

프릴
39.5
41
주름
바지가랑이선
바지가랑이선
접힘
2

● 겉감 재단 방법 ●
접힘 허리벨트
엉덩이
뒤
앞
겉
프릴
1
1.5
1.5
70cm
46cmW폭(92cm폭)

재료 • • • • • • • •
겉감(코튼 다이마루 니트) 46cmW폭 60cm
1.5cm 폭의 고무밴드 40cm
●완성치수
(전체길이) 35.5cm 41cm

실물 크기의 패턴은 D면
※패턴에 시접은 포함되어 있지 않습니다.

전체에 34 38 cm의
고무밴드를 통과시킨다
우측옆선 접힘
좌측 옆선
허리벨트
0.1
고무밴드

엉덩이
뒤
앞
뒷중심선 접힘
앞중심선 접힘
접힘
d
a
b
c
a
b
1
4

사이즈 표시
70cm 사이즈 —●
80cm 사이즈 —●
1개 밖에 없는 숫자는 공통

의 부분은 실물 크기의 패턴을 사용합니다.

● 겉감 재단 방법 ●
허리벨트
엉덩이
접힘
뒤
앞
겉
1.5
1.5
3
60cm
46cmW폭(92cm폭)

45・44의 만드는 방법

봉합의 시작과 끝은 되돌아박기를 하세요.
● 봉합 시작 전에 ●
옆선・엉덩이・바지가랑이선의 원단 끝에
지그재그 봉제 또는 오버록 처리를 합니다.

① 엉덩이를 봉합한다.

뒤(안)
봉합
d
a
a
엉덩이
(안)
b
b

② 옆선・바지가랑이선을 봉합한다.

뒤 겉
앞(안)
①봉합
c
b
b
②가름솔한다
④가름솔한다
③봉합

④ 허리벨트를 만들어 단다.

허리벨트(겉)
①봉합
허리벨트(안)
고무밴드 통로 입구
앞표까지 지보다 봉합한 땀

④봉합
허리벨트(안)
②가름솔한다
③시접을 접는다
앞(겉)

⑥시접을 허리벨트 안으로 넣는다
⑤접는다
⑦봉합
허리벨트(겉)
앞(겉)

③ 밑단을 봉합한다.

(No.45)
뒤(안)
②봉합
①두 번 접음

(No.44)
프릴(안)
프릴(안)
②가름솔한다
①봉합

⑤실을 당겨 밑단 치수만큼 주름을 잡는다
④봉합 큰 땀으로
0.5cm
0.2cm
③두 번 접음
프릴(겉)

앞(겉)
봉합
⑧시접을 팬츠 쪽으로 넘긴다
⑥봉합
앞겉
⑦3장을 함께 지그재그 봉합 또는 오버록 통솔처리

⑤ 고무밴드를 통과시킨다.

①고무밴드를 통과시킨다
허리벨트(겉)
앞(겉)
②1cm 겹쳐 봉합한다

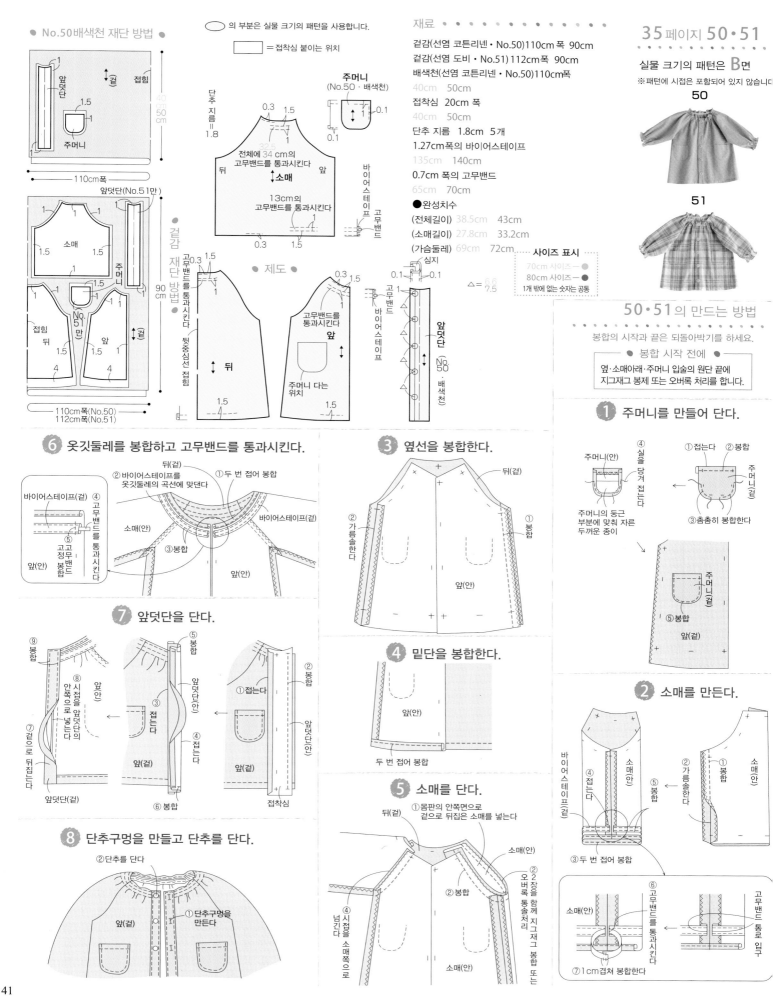

● No.50배색천 재단 방법 ●

의 부분은 실물 크기의 패턴을 사용합니다.

= 접착심 붙이는 위치

재료 • • • • •

겉감(선염 코튼리넨 · No.50)110cm 폭 90cm
겉감(선염 도비 · No.51)112cm폭 90cm
배색천(선염 코튼리넨 · No.50)110cm폭
　40cm　50cm
접착심 20cm 폭
　40cm　50cm
단추 지름 1.8cm 5개
1.27cm폭의 바이어스테이프
　135cm　140cm
0.7cm 폭의 고무밴드
　65cm　70cm
●완성치수
(전체길이) 38.5cm　43cm
(소매길이) 27.8cm　33.2cm
(가슴둘레) 69cm　72cm

사이즈 표시
70cm 사이즈─ ●
80cm 사이즈─ ●
1개 밖에 없는 숫자는 공통

35 페이지 50·51

실물 크기의 패턴은 B면
※패턴에 시접은 포함되어 있지 않습니다

50

51

50·51의 만드는 방법

봉합의 시작과 끝은 되돌아박기를 하세요.

● 봉합 시작 전에 ●
옆·소매아래·주머니 입술의 원단 끝에
지그재그 봉제 또는 오버록 처리를 합니다.

① 주머니를 만들어 단다.

② 소매를 만든다.

⑥ 옷깃둘레를 봉합하고 고무밴드를 통과시킨다.

③ 옆선을 봉합한다.

④ 밑단을 봉합한다.

⑤ 소매를 단다.

⑦ 앞덧단을 단다.

⑧ 단추구멍을 만들고 단추를 단다.

고바야시 가오리 씨의

작은 아이들의
의상실

최종회

이번에는 여자아이의 벌룬팬츠와 남자아이의 반바지입니다.
공원에서 발견한 멋진 물건을 넣을 수 있는 큼지막한 주머니가
작은 아이들에게 있어서는 즐거운 포인트가 됩니다.

디자인·제작／小林かおり　　촬영／藤田律子　　지면디자인／梅宮真紀子
일러스트／佐々木真由美　　담당／名取美香、矢島悠子

신장 93cm　　착용사이즈 90cm

42

남자아이에게는 코튼리넨 원단의 반바지.
벨트나 주머니의 장식에 프린트 원단을 사용하여
포인트를 주었습니다.

53 팬츠
80·90·100cm
만드는 방법 45페이지

꽃무늬 프린트를 사용한 깜찍한 벌룬팬츠.
벨트를 같은 원단의 리본으로 만들어
소녀스럽게 연출했습니다.

52 팬츠
80·90·100cm
만드는 방법 44페이지

고바야시 가오리
일본 복장전문학교 졸업 후, 부인복
어패럴 브랜드에서 근무. 출산을
계기로 퇴직. 현재는 여러 곳의
잡지에서 활약중. 평소는 두 아이의
옷을 만들기도 하고, 소품을 만들고
있습니다.

이번 호에서는 봄을 맞아 외출시 입기 좋은 아이템입니다. 주머니와
허리벨트가 포인트입니다. 꼭 만들어 아이들에게 입혀보세요.

라벨을
붙여볼까요?

고바야시 가오리 씨도 일러스트나 문자가 가득한 디자인을
선택해 독특한 라벨로 상표를 만듭니다. 팬츠 뒤 안쪽에
라벨을 붙여보세요. 작품의 포인트가 됩니다.

● 겉감 재단 방법 ●

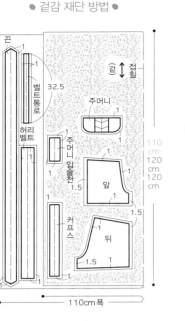

끈 1
벨트 통로 1
32.5
허리 벨트
주머니 1
주머니 입술천 1.5
앞 1
1.5
뒤 1
1.5

110cm 폭

⬭ 의 부분은 실물 크기 패턴을 사용합니다.

사이즈 표시
80cm 사이즈 — ●
90cm 사이즈 — ●
100cm 사이즈 — ●
1개 밖에 없는 숫자는 공통

재료
겉감(코튼 프린트) 110cm 폭
110cm 120cm 120cm
2.5cm 폭의 고무밴드
45cm 45cm 50cm
● 완성치수
(전체길이) 23.8cm 25.5cm 27.3cm

● 제도 ●

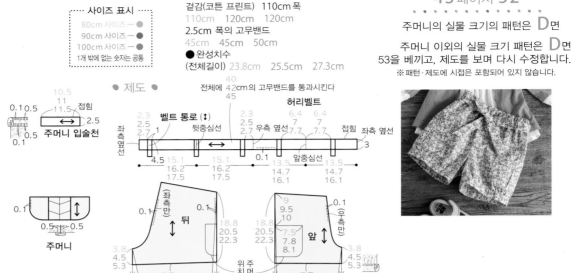

주머니 입술천 2.5

전체에 42cm의 고무밴드를 통과시킨다
40 45

벨트 통로(↕) 허리벨트

뒷중심선 좌측 엽선 우측 엽선 앞중심선 접힘 좌측 엽선

주머니 뒤 앞 주름

끈 105 110 116

커프스 바지가랑이선 2 31 34 36

주머니의 실물 크기의 패턴은 D면

주머니 이외의 실물 크기 패턴은 D면 53을 베끼고, 제도를 보며 다시 수정합니다.
※ 패턴·제도에 시접은 포함되어 있지 않습니다.

52의 만드는 방법

봉합의 시작과 끝은 되돌아박기를 하세요.

● 봉합 시작 전에 ●
바지가랑이선 원단 끝에 지그재그 봉제 또는 오버록 처리를 합니다.

---

⑦ 밑아래선을 봉합한다.

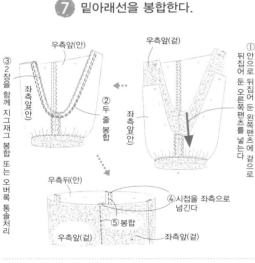

⑧ 허리벨트를 만들어 단다.
(45페이지 참조)

⑨ 벨트통로를 만들어 단다.
(45페이지 참조)

⑩ 고무밴드를 통과시킨다.(45페이지 참조)

⑪ 끈을 만든다.

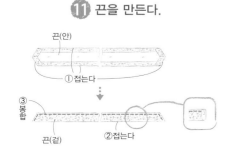

---

④ 바지가랑이선을 봉합한다.

⑤ 밑단에 주름을 잡는다.

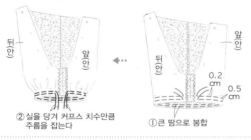

⑥ 커프스를 만들어 단다.

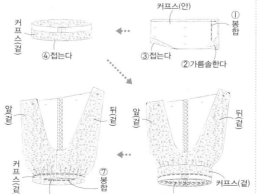

---

① 옆선을 봉합한다.

③시접을 뒤쪽으로 넘긴다

② 주머니를 만든다.

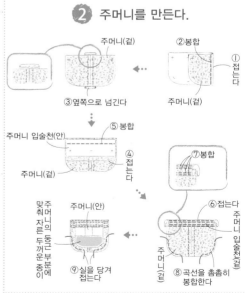

③ 주머니를 단다.

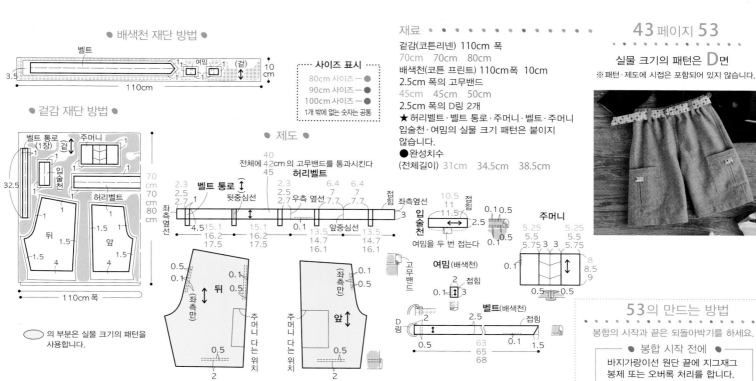

● 배색천 재단 방법 ●

벨트
여밈
(겉)
10 cm
3.5
110cm

● 겉감 재단 방법 ●

재료 • • • • • • • • • •

겉감(코튼리넨) 110cm 폭
70cm 70cm 80cm
배색천(코튼 프린트) 110cm폭 10cm
2.5cm 폭의 고무밴드
45cm 45cm 50cm
2.5cm 폭의 D링 2개
★ 허리벨트·벨트 통로·주머니·벨트·주머니
입술천·여밈의 실물 크기 패턴은 붙지
않습니다.
● 완성치수
(전체길이) 31cm 34.5cm 38.5cm

● 사이즈 표시 ●
80cm 사이즈 — ●
90cm 사이즈 — ●
100cm 사이즈 — ●
1개 밖에 없는 숫자는 공통

실물 크기의 패턴은 D면
※ 패턴·제도에 시접은 포함되어 있지 않습니다.

벨트 통로
(1장)
주머니
32.5
입술천
허리벨트
겉
뒤
앞
110cm 폭

의 부분은 실물 크기의 패턴을
사용합니다.

● 제도 ●

전체에 42cm 의 고무밴드를 통과시킨다

벨트 통로
허리벨트
뒷중심선
우측 옆선
앞중심선
좌측옆선
접힘

입술천
여밈을 두 번 접는다
고무밴드

여밈(배색천)
접힘

주머니

벨트(배색천)
D링
접힘

53의 만드는 방법
● • • • • • • • • • ●
봉합의 시작과 끝은 되돌아박기를 하세요.
● 봉합 시작 전에 ●
바지가랑이선 원단 끝에 지그재그
봉제 또는 오버록 처리를 합니다.

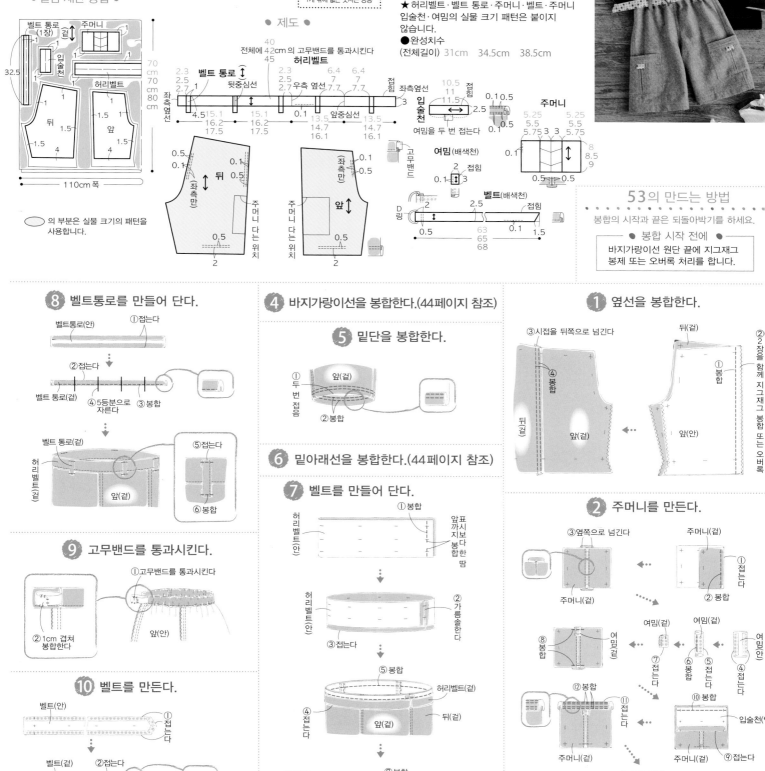

⑧ 벨트통로를 만들어 단다.

벨트통로(안)
①접는다
②접는다
벨트 통로(겉)
③봉합
④5등분으로 자른다
벨트 통로(겉)
허리벨트(겉)
⑤접는다
⑥봉합
앞(겉)

⑨ 고무밴드를 통과시킨다.

①고무밴드를 통과시킨다
②1cm 겹쳐 봉합한다
앞(안)

⑩ 벨트를 만든다.

벨트(안)
①접는다
벨트(겉)
②접는다
③봉합
④접는다
⑤봉합
벨트(겉)
D링

④ 바지가랑이선을 봉합한다.(44페이지 참조)

⑤ 밑단을 봉합한다.

앞(겉)
①두 번 접음
②봉합

⑥ 밑아래선을 봉합한다.(44페이지 참조)

⑦ 벨트를 만들어 단다.

허리벨트(안)
①봉합
앞표시까지 지보봉합한다
땀
허리벨트(안)
②가름솔한다
③접는다
⑤봉합
허리벨트(겉)
④접는다
앞(겉)
뒤(겉)
⑦봉합
허리벨트(겉)
뒤(안)
앞(안)
⑥시접을 허리벨트 안으로 넣는다

① 옆선을 봉합한다.

③시접을 뒤쪽으로 넘긴다
뒤(겉)
①봉합
뒤(겉)
앞(겉)
②2장을 함께 지그재그 봉합 또는 오버록
①봉합
앞(안)

② 주머니를 만든다.

③옆쪽으로 넘긴다
주머니(겉)
①접는다
②봉합
주머니(겉)
여밈(겉)
⑧봉합
여밈(겉)
⑦접는다
⑥봉합
⑤접는다
여밈(겉)
④접는다
여밈(안)
⑫봉합
⑪접는다
주머니(겉)
⑩봉합
입술천
⑨접는다
주머니(겉)
주머니(안)
⑬접는다

③ 주머니를 단다.(44페이지 참조)

봄의 캐주얼웨어

새로운 생활이 시작되는 봄.

아이들의 옷장에 새로운 옷을 넣어주고 싶지 않으세요?

평소에도 입을 수 있게 매일 유용하게 입을 수 있는

아이템을 준비했습니다.

꼭 만들어 주세요~.

촬영／藤田律子　헤어&메이크업／鵜久森真二
지면디자인／佐藤次洋　담당／名取美香

라벨을 붙여볼까요?
소중한 핸드메이드 옷에 붙이는 라벨은
옷에 어울리는 일러스트나 문구를 골라
붙여주세요.

(여아) 신장 101cm　착용사이즈 100cm
(남아) 신장 98cm　착용사이즈 100cm

장식테이프를 사용하여 고정한 단추가 포인트인 풀오버

만드는 방법
P.110

54·55 풀오버
90·100·110·120cm

55

54

심플한 디자인의 반바지는
무지 원단에도, 프린트 원단에도 OK

만드는 방법
P.82

56·57 팬츠
90·100·110·120cm

풍성한 주름이 여성스러운 스커트입니다.
배색천으로 포인트를 주세요.

만드는 방법
P.83

58·59 스커트
90·100·110·120cm

신장 108cm 착용사이즈 110cm

하이웨이스트의
깜찍한 튜닉

만드는 방법
P.92

60·61 튜닉
90·100·110·120cm

팬츠와 스커트가 하나가 된 치마바지는
자유분방한 말괄량이 느낌을 줍니다.

62

63

만드는 방법
P.90

62 · 63 치마바지
90 · 100 · 110 · 120cm

원단의 배치에 따라 여러 느낌으로 만들 수 있는 3단 프릴의 티어드스커트입니다.

만드는 방법
P.91

64 · 65 티어드스커트
90 · 100 · 110 · 120cm

65

64

착용감이 좋은 스모킹원피스,
더블거즈나 밝은 색상의
프린트원단에 어울립니다.

66

67

만드는 방법
P.86

66 · 67 원피스
90 · 100 · 110 · 120cm

68

No.66 · 67을 변형시켜
허리에 끈을 넣는
스타일로 바꾸었습니다.

69

만드는 방법
P.86

68 · 69 원피스
90 · 100 · 110 · 120cm

49

라벨을 붙여볼까요?
좋아하는 옷을 한층 업그레이드 해
줄 장식라벨을 붙여보세요. 옷에
어울리는 일러스트나 글자를 골라
붙여주세요 !

72

만드는 방법
P.88

70 · 71 · 72 자켓
90 · 100 · 110 · 120cm

후드달린 자켓은 아직 추위가 남아있는
지금 입혀주세요.

71

70

리버시블(양면) 원단이나 배색천을 덧대어 만든 팬츠는 입고벗기 쉬운 정통적인 실루엣의 반가운 아이템입니다.

75　74　73

만드는 방법
P.79

73・74・75 팬츠
90・100・110・120cm

볼록하게 부푼 주머니가 벌룬팬츠 느낌을
연출해주는 귀여운 숏팬츠입니다.

77　76

만드는 방법
P.93

76・77 팬츠
90・100・110・120cm

51

※블라우스는 5페이지의 No.3번을 착용하였습니다.

멋쟁이들의 살랑살랑 원피스

봄은 역시~
살랑부는 바람에 펄렁이는 원피스가
갖고 싶어지는 계절 ♡
원피스를 입고 꽃밭에서 놀고 싶어요.
엄마 꼭! 만들어 주세요

신장 107cm 　 착용사이즈 110cm

촬영／藤田律子　작품제작／小沢のぶ子
지면디자인／佐藤次洋　담당／名取美香、野崎文乃

52

여자아이의 사랑스러움을 한층 돋보이게 하는 하이웨이스트의 변형된

원피스에는 고급스러운 스칼럽 레이스나 꽃무늬의 보더프린트가

안성맞춤.

78 · 79 원피스
90 · 100 · 110 · 120cm
만드는 방법 96페이지

눈 깜짝할 사이에
만들어 버리는 통학용품

촬영／藤田律子　지면디자인／梁川綾香　담당／名取美香、野崎文乃

도시락주머니와 컵주머니는 소잉을 처음 시작한
초보자라도 누구나 쉽게 만들 수 있는 아이템
입니다. 환절기인 요즘 아이들의 건강을 위해
컵주머니를 직접 만들어 주시는 건 어떠세요?

81

80

83

84

• 83 도시락주머니
• 84 컵주머니

드는 방법 111페이지

Bestbrain
베스트브레인

앤틱함과 고풍스러움을 작품에 불어 넣어주는 베스트 브레인 레이스모티브 시리즈. 고전적인 느낌의 디자인과 색감, 일반 레이스모티브에서는 볼 수 없던 가장자리의 깔끔한 컷팅 등 나의 하나뿐인 작품을 돋보이게 하는 소중한 선물 입니다.

참(charm)장식처럼 작고 귀여운

프린스 이니셜

가장 많이 사용하는 이니셜로 구성되어 있는 레이스모티브. 작품에 나만의 특정 이니셜을 사용하여 마무리 해 주세요~ 하나밖에 없는 나만의 작품이 만들어집니다.

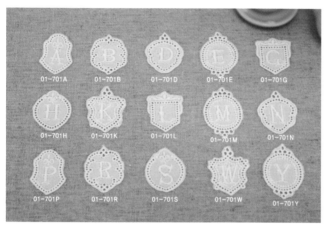

Bestbrain) 프린스이니셜 레이스모티브
크기 : 가로 2.5cm*세로 3cm

가장 자리가 손뜨게 처리를 한 것처럼
동글동글 귀여운

모크 이니셜

방패모양과 마름모 모양의 모티브 라인과 앤틱한 느낌의 이니셜 서체의 어울림이 작품을 한층 고급스럽게 해줍니다.

Bestbrain) 모크이니셜 레이스모티브
크기 : 가로 3.5cm*세로 4cm

르네상스풍의 고급스럽고
섬세한 디테일이 살아있는

르네상스 이니셜

한땀 한땀의 정성이 만들어낸 섬세한 디테일의 르네상스 이니셜. 국내에서 쉽게 볼 수 없었던 세밀한 침수의 매력이 주는 고풍스러운 느낌에 빠지게 됩니다.

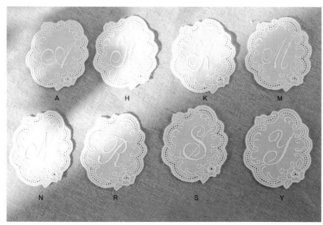

Bestbrain) 르네상스 이니셜 레이스모티브
크기 : 가로 6.7cm*세로 5.3cm

계절에 상관없이 편하게 찾는

쁘띠 봉봉 블레이드

부드러운 촉감과 도톰한 두께감으로 의류뿐만 아니라 소품에도 사용되는 실용적인 블레이드 , 의류에서부터 소품까지 작품에 포인트로 사용하며 다양한 컬러선택이 가능합니다.

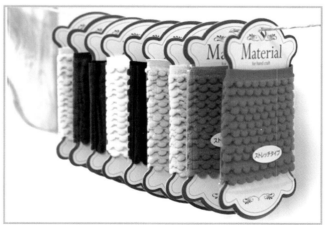

Bestbrain) 쁘띠 봉봉 블레이드
폭 : 1.0cm 길이 : 1.5m

지금이라도 늦지 않았어!! 간단하고 깜찍한 통학용품

아이들이 이제 입학을 하는 엄마들은 꼭 보세요! 간단하게 만드는 깜찍한 통학용품을 소개합니다.

작품디자인·제작 ／アリガエリ（studio-hana*） 촬영／藤田律子 지면디자인／佐藤次洋 담당／名取美香

86 · 89 신발주머니
만드는 방법 115페이지

87 · 88 손가방
만드는 방법 114페이지

86

87

89

88

퀼팅원단을 사용하기 때문에 안감이 필요없습니다. 손에 가볍게 들 수 있는 손가방과 신발주머니입니다.
남자아이에게는 자동차, 여자아이에게는 딸기를 아플리케로 달아주세요.

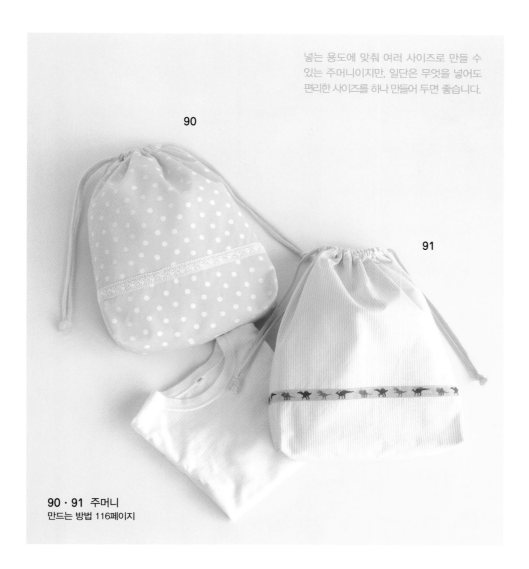

넣는 용도에 맞춰 여러 사이즈로 만들 수 있는 주머니이지만. 일단은 무엇을 넣어도 편리한 사이즈를 하나 만들어 두면 좋습니다.

90

91

90 · 91 주머니
만드는 방법 116페이지

studio-hana® **아리가 에리**
프리랜서로 아동복 어패럴 기업에서 활약하면서 잡지 등에 작품 제공. 영 · 유아와 아동의 의상 및 장난감, 통학용품 등아기 때부터 엄마까지 입을 수 있는 옷 등다루는 분야가 다양하다. 3명의 아이와 고양이 1마리와 함께사는 파워풀한 어머니 디자이너.

92

92 · 93 마스크
만드는 방법 116페이지

93

아이들이 많은 사람들과 긴 시간을 보내는 유치원이나 학교에서는 마스크가 필요할 때가 많습니다. 엄마의 손으로 직접 만들어주세요.

라벨을 붙여볼까요?
마음에 드는 작품에 장식라벨을 붙여보세요. 작품의 완성도가 한층 업그레이드 될 것입니다.

입학준비 응원 기획!
마음에 드는 프린트 원단으로 만드는
통학소품

신학기입니다. 아직도 통학소품 준비가 되지 않으셨나요?
「아직 안했어요~」라 말하시는 엄마들 안심하세요.
아이들의 마음에 드는 프린트 원단으로 만들면 심플한 디자인이라도 OK!
자, 어서 시작해 보세요

촬영／藤田律子　작품제작／金丸かほり（94・95・100～103）、酒井三菜子（96～98）
일러스트／榊原良一　　지면디자인／橋本祐子　담당／名取美香、野崎文乃

코튼리넨 캔버스에 복고풍으로
깜찍한 동물이나 꽃이 프린트 된 시리즈.
도시락주머니와 컵주머니는 패치워크 무늬를 넣어
산뜻하게 완성하였습니다.

신장 101cm　착용사이즈 100c

95 도시락주머니
만드는 방법 111페이지

94 컵주머니
만드는 방법 111페이지

97 신발주머니
만드는 방법 61페이지

99 스모킹
90・100・110・120cm
만드는 방법 112페이지

98 스모킹주머니
만드는 방법 113페이지

96 손가방
만드는 방법 60페이지

세트로 사용할 물건들을 다른 무늬로 만든다면,
배색천으로 통일감을 주는 것도 GOOD!

어려울 것 같은 디자인도 패널무늬를 효과적으로 사용하면
간단하게 만들 수 있습니다.

58

100 **스모킹**
90 · 100 · 110 · 120cm
만드는 방법 112페이지

101 **스모킹주머니**
만드는 방법 113페이지

로맨틱한 보더프린트를 사용한 스모킹과
스모킹주머니 세트입니다.
밑단의 레이스로 한층 더 소녀스러운 스모킹입니다.

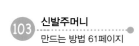

남자아이에게는 해골과 별무늬의
조합이 어떨까요?
살짝살짝 들어간 라메프린트로
개성있게 연출해 주세요.

103 **신발주머니**
만드는 방법 61페이지

102 **손가방**
만드는 방법 60페이지

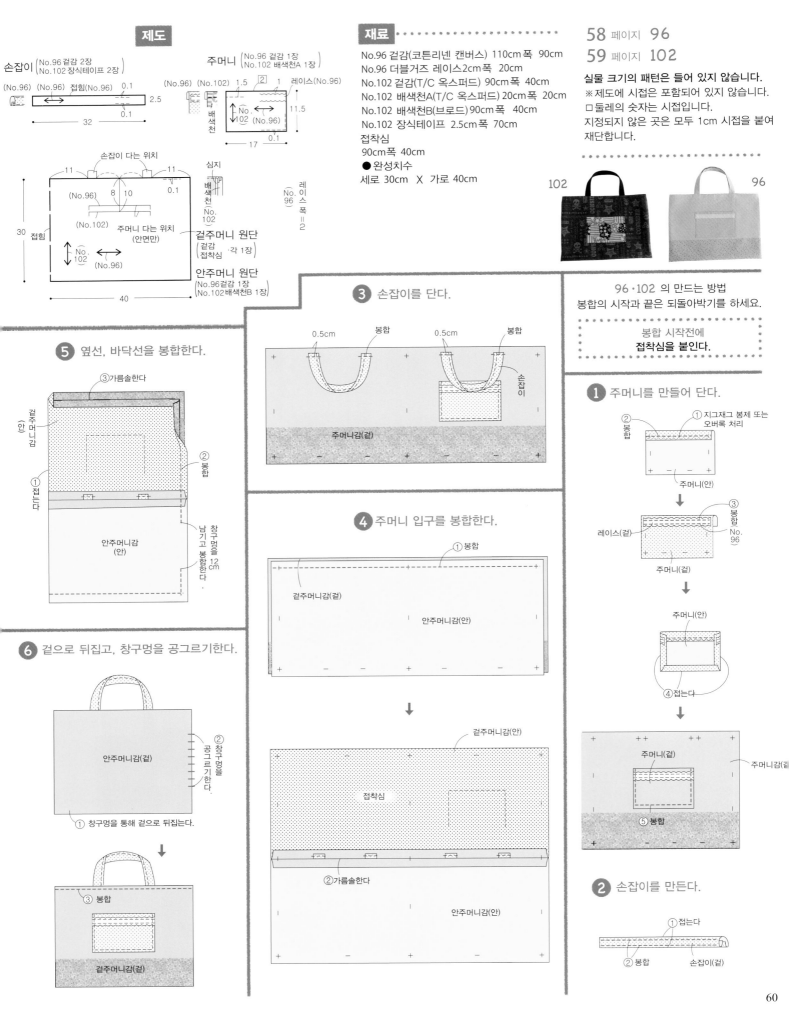

제도

손잡이 (No.96 겉감 2장 / No.102 장식테이프 2장)

주머니 (No.96 겉감 1장 / No.102 배색천A 1장)

(No.96) (No.96) 접힘(No.96) 0.1
2.5
0.1
32

주머니 (No.96) (No.102) 1.5 레이스(No.96)
No. (No.96) 11.5
17 0.1

손잡이 다는 위치
11 11
심지
11 0.1
(No.96) 8 10
(No.102)
30 접힘
주머니 다는 위치 (안면만)
No.
102 (No.96)
40

재료

No.96 겉감(코튼리넨 캔버스) 110cm폭 90cm
No.96 더블거즈 레이스2cm폭 20cm
No.102 겉감(T/C 옥스퍼드) 90cm폭 40cm
No.102 배색천A(T/C 옥스퍼드) 20cm폭 20cm
No.102 배색천B(브로드) 90cm폭 40cm
No.102 장식테이프 2.5cm폭 70cm
접착심
90cm폭 40cm
● 완성치수
세로 30cm X 가로 40cm

58 페이지 **96**
59 페이지 **102**

실물 크기의 패턴은 들어 있지 않습니다.
※제도에 시접은 포함되어 있지 않습니다.
□둘레의 숫자는 시접입니다.
지정되지 않은 곳은 모두 1cm 시접을 붙여
재단합니다.

102   96

겉주머니 원단 (겉감 접착심 ·각 1장)
안주머니 원단 (No.96겉감 1장 / No.102배색천B 1장)

배색천 No.96
배색천 No.102
레이스 폭 (No.96)
레이스 폭 = 2

96·102 의 만드는 방법
봉합의 시작과 끝은 되돌아박기를 하세요.

봉합 시작전에
접착심을 붙인다.

5 옆선, 바닥선을 봉합한다.

③ 가름솔한다
겉주머니감(안)
① 접는다
② 봉합
안주머니감(안)
남기고 봉합한다 12cm
창구멍을

3 손잡이를 단다.

0.5cm 봉합   0.5cm 봉합
손잡이
주머니감(겉)

4 주머니 입구를 봉합한다.

① 봉합
겉주머니감(겉)
안주머니감(안)

겉주머니감(안)
접착심
②가름솔한다
안주머니감(안)

1 주머니를 만들어 단다.

② 봉합 ① 지그재그 봉제 또는 오버록 처리
주머니(안)

레이스(겉) ③ 봉합 No.96
주머니(겉)

주머니(안)
④ 접는다

주머니(겉) 주머니감(겉)
⑤ 봉합

2 손잡이를 만든다.

① 접는다
② 봉합 손잡이(겉)

6 겉으로 뒤집고, 창구멍을 공그르기한다.

② 공그르기한다
안주머니감(겉) 창구멍을
① 창구멍을 통해 겉으로 뒤집는다.

③ 봉합
겉주머니감(겉)

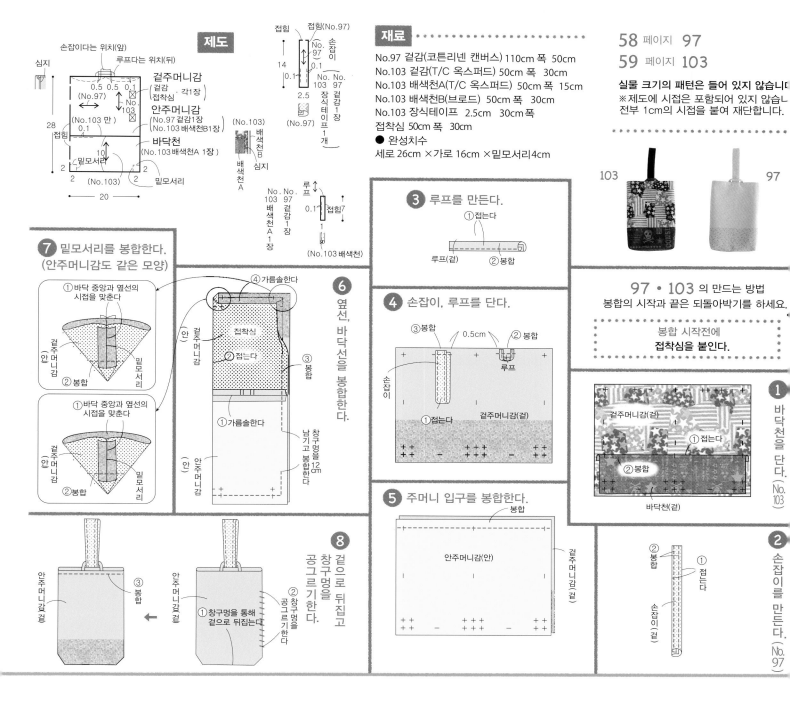

제도

재료

No.97 겉감(코튼리넨 캔버스) 110cm 폭 50cm
No.103 겉감(T/C 옥스퍼드) 50cm 폭 30cm
No.103 배색천A(T/C 옥스퍼드) 50cm 폭 15cm
No.103 배색천B(브로드) 50cm 폭 30cm
No.103 장식테이프 2.5cm 30cm폭
접착심 50cm 폭 30cm
● 완성치수
세로 26cm ×가로 16cm ×밑모서리4cm

58 페이지 97
59 페이지 103

실물 크기의 패턴은 들어 있지 않습니다
※제도에 시접은 포함되어 있지 않습니다.
전부 1cm의 시접을 붙여 재단합니다.

103   97

97 · 103 의 만드는 방법
봉합의 시작과 끝은 되돌아박기를 하세요.

봉합 시작전에
접착심을 붙인다.

③ 루프를 만든다.
① 접는다
루프(겉)
② 봉합

④ 손잡이, 루프를 단다.
③ 봉합
0.5cm   ② 봉합
손잡이
① 접는다   겉주머니감(겉)
루프

⑤ 주머니 입구를 봉합한다.
봉합
안주머니감(안)
겉주머니감(겉)

① 바닥천을 단다. (No.103)
겉주머니감(겉)
① 접는다
② 봉합
바닥천(겉)

② 손잡이를 만든다. (No.97)
② 봉합
① 접는다
손잡이(겉)

⑦ 밑모서리를 봉합한다.
(안주머니감도 같은 모양)

① 바닥 중앙과 옆선의 시접을 맞춘다
④ 가름솔한다
겉주머니(안)
② 봉합
밑모서리

① 바닥 중앙과 옆선의 시접을 맞춘다
겉주머니감(안)
② 봉합
밑모서리

⑥ 옆선, 바닥선을 봉합한다.
접착심
② 접는다
③ 봉합
① 가름솔한다
겉주머니감
안주머니감(안)
남기고 봉합한다 12cm

⑧ 겉으로 뒤집고 창구멍을 공그르기한다.
① 창구멍을 통해 겉으로 뒤집는다
② 창구멍을 공그르기한다
안주머니감(겉)

안주머니감(겉)
③ 봉합

고양이와 산책
플라워 가든
소재:캔버스
　(코튼:85% 리넨:15%)
폭:약 108cm

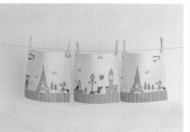

파리 여행
소재:캔버스
　(코튼:85% 리넨:15%)
폭:약 108cm

움직이는 자동차
소재:캔버스
　(코튼:85% 리넨:15%)
폭:약 108cm

레트로도트2
스트로베리
미니애플도트
소재:캔버스
　(코튼:85% 리넨:15%)
폭:약 108cm

putidepome EMMA picnic kids

여자아이와 엄마의
내추럴한 옷

딸을 둔 엄마들인 일본의 유명 소잉작가 5인이 제안하는 엄마와 여자아이가 같이 입는 내추럴한 레이어드
스타일이 가득한 소잉북. 여자아이와 엄마의 일상을 담은 감각적인 화보도 이 책을 보는 또 다른 즐거움입니다.

판매가 : 12,500원

여자아이의 옷

사랑스러운 딸에게 최고의 날개를 달아주고 싶은 엄마들에게 추천하는
소잉북. 심플한 스타일에서부터 귀여운 스타일까지 비슷하면서도 각각의
디테일과 스타일이 살아있는 총 24작품의 여자아이의 옷이 실려 있습니다.

판매가 : 12,500원

여자아이의 외출복

여자아이의 옷 만들기 선호도 1위 서적! 일본을 넘어 한국의 소잉 매니아들에게 큰 인기를 끌고 있는
서적입니다. 엄마의 손길이 가득한, 정성이 담긴 옷을 딸에게 선물하고 싶은 엄마를 위한 소잉북.

판매가 : 12,500원

French Breeze

엄마와 아이의 프로방스 · 스타일

Vol. 2

프랑스 남부 프로방스 지방의 분위기가 느껴지는 패브릭으로 만든 프로방스 스타일입니다. 이번 봄에는 귀여운 작은꽃과 페이즐리 무늬가 등장했습니다. 뭐니뭐니해도 주름이 잔뜩 들어간 스모킹풍 아이템에 잘 어울립니다.

촬영／藤田律子　모델／山田いづみ へ　헤어&메이크업／鵜久森真二　작품제작／日比野直美　지면디자인／佐藤次洋　담당／名取美香、野崎文乃

(여아)　신장 108cm
착용사이즈 110cm
＊엄마는 M 사이즈를 입고 있습니다. 하지만 옷길이는 모델키에 맞춰 조절 하였습니다.

104
104 원피스
90 · 100 · 110 · 120cm
만드는 방법 94 페이지

105
105 튜닉
S · M · L
만드는 방법 94 페이지

〈여아〉 신장 106cm 착용사이즈 110cm
〈남아〉 신장 102cm 착용사이즈 100cm

이번 시즌도 놓칠 수 없어 !

마린룩 &
작은꽃무늬 옷

작년 봄, 여름에 이어 이번 시즌에도 인기있는 마린룩과 작은꽃무늬 옷 특집.
꼭 아이들의 옷장에 넣어주세요~

촬영/ 藤田律子 지면디자인/ 梅宮 紀子 담당/ 名取美香

106

106 원피스
90·100·110·120cm
만드는 방법 84 페이지

107

107 풀오버
90·100·110·120cm
만드는 방법 84 페이지

마음에드는 작품에 라벨을
붙여주는건 어떨까요?

작품의 완성도가 한층 업그레이드 될 것입니다.

라벨을 붙여볼까요?

일반적인 보더프린트 이외에

요트나 닻 등의 프린트 원단도 사용 해 보세요.

원피스나 풀오버, 자켓이나

점퍼 등 아우터에도 적극 추천합니다.

디자인을 변형시키거나 안단 등에 무지 원단을

더해주면 한층 더 멋스럽답니다.

신장 96cm
착용사이즈 100cm

108

108 점퍼
90·100·110·120cm
만드는 방법 88 페이지

109

109 자켓
90·100·110·120cm
만드는 방법 98 페이지

110

110 원피스
90·100·110·120cm
만드는 방법 102페이지

111

111 튜닉
90·100·110·120c m
만드는 방법 96페이지

신장 96cm
착용사이즈 100cm

신장 106cm
착용사이즈 110cm

베이직해서 누구나 다 좋아하는 작은꽃무늬.

이번 시즌에는 니트원단과 매치하거나

팬더가 숨어있는 변형을 준 원단을 사용하는 등 풍부합니다.

심플한 디자인으로도 입어보세요.

라벨을 붙여볼까요?

마음에드는 작품에 라벨을
붙여주는건 어떨까요?
작품의 완성도가 한층 업그레이드 될 것입니다.

마린룩 & 작은꽃무늬 옷

112

113

112·113 스커트
90·100·110·120cm
만드는 방법 99 페이지

프린트 지퍼로
내추럴한 느낌의
가방 & 파우치 만들기

도트나 딸기, 꽃 등 귀여운 프린트 지퍼를 이용해 작품을 만들어 보세요.
겉으로 보이게 달 수 있기 때문에, 일반지퍼 다는 것보다 간단합니다.
슬라이더의 손잡이 대신에 마음에 드는 지퍼장식을 달 수 있습니다.
리넨의 싸게단추나 손잡이 등과 매치해 멋진 가방과 파우치를 만들어 보세요.

114 숄더백
115 파우치
만드는 방법 69페이지

115

114

촬영／藤田律子 (68페이지)、腰塚良彦 (69페이지)
지면디자인／橋本祐子 담당／名取美香、矢島悠子
작품제작／清野孝子 일러스트／榊原良一

해피베어스 싸게단추기구 풀세트

(기구+몰드 4종+단추 4종)

자켓, 코트류에 자연스럽게 옷과 어울리는 단추를 달고 싶을 때.
나만의 독특하고 개성 넘치는 단추를 만들고 싶을 때.
퀼트나 인형 등 소품류에 포인트 장식을 하고 싶을 때.
다양한 원단으로 세상에 하나뿐인 나만의 단추를 만들어보세요.
13mm, 18mm, 25mm, 30mm, 38mm의 여러 사이즈로 만나실 수 있습니다.
가격: 120,000원/Set

기구(1개)   몰드4종(각 1개)   단추 4종(각 50쌍)

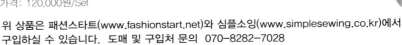

위 상품은 패션스타트(www.fashionstart.net)와 심플소잉(www.simplesewing.co.kr)에서
구입하실 수 있습니다. 도매 및 구입처 문의 070-8282-7028

68

실물 크기의 패턴은 들어있지 않습니다.

*제도에 시접은 포함되어 있지 않습니다. □둘레의 숫자는 시접입니다.
지정하지 않은 곳은 전부 1cm의 시접을 붙여 재단합니다.

재료
겉감(퀼팅원단) 30cm 폭 40cm
프린트지퍼 20cm 1개
지퍼장식 1개
1.2cm 폭의 바이어스테이프 45cm
레이스모티브 지름 약 4.5cm 1장

만드는 순서
1 지퍼를 단다.
2 양 옆에 바이어스를 한다.
3 레이스모티브를 단다.
4 지퍼장식을 단다.
5 완성

● 제 도 ●

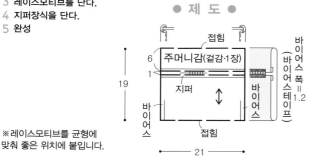

※레이스모티브를 균형에
맞춰 좋은 위치에 붙입니다.

실물 크기의 패턴은 들어있지 않습니다.

*제도에 시접은 포함되어 있지 않습니다. □둘레의 숫자는 시접입니다.
지정하지 않은 곳은 전부 1cm의 시접을 붙여 재단합니다.

● 제 도 ●

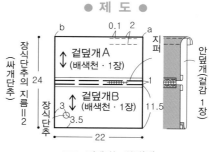

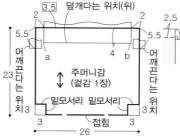

재료
겉감(퀼팅원단) 60cm 폭 60cm
배색천(코튼리넨) 50cm 폭 20cm
프린트지퍼 20cm 1개
약 2cm폭의 어깨끈 1개
지퍼장식 1개
싸개단추 지름 2cm 1개

만드는 순서
1 겉덮개에 지퍼를 단다.
2 겉덮개와 안덮개를 봉합한다.
3 주머니감의 옆선을 봉합한다.
4 주머니감의 밑모서리를 봉합한다.
5 주머니감의 입구를 봉합한다.
6 주머니감에 덮개를 단다.
7 어깨끈을 단다.
8 싸개단추를 단다.
9 지퍼장식을 단다.
10 완성한다.

지퍼다는 방법

2 머신의 노루발과 지퍼의 슬라이더가
겹치지 않게 슬라이더를 이동시켜가며
봉합한다.

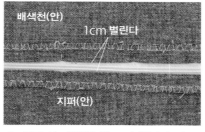

1 지퍼다는 위치를 접고 지퍼를 놓는다.

완성

지퍼 길이를 조절하는 방법
(길이를 짧게하고 싶을 경우)

2 고정장치를 지퍼의 표시된
곳에 끼워넣는다.

1 길이를 정하고 표시점을
찍는다.

4 천을 덧대고 펜치로 끝을
찌그러뜨린다.

3 펜치로 끝을 접는다.

5 가위로 지퍼를 자른다.

완성

지퍼장식 다는 방법

완성

2 펜치로 훅을 닫는다.

1 훅에 지퍼장식을 통과시킨다.

사치코 이와부치 컬렉션

제조사 : Daijo (Japan)　폭 : 110cm　성분 : Cotton 50% / Linen 50%

Soild

오이스터

밀크

크림아이보리

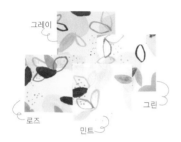

그레이

그린

로즈

민트

COLIN

KAREN

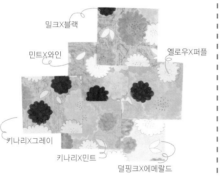

밀크X블랙

민트X와인

옐로우X퍼플

키나리X그레이

키나리X민트

덜핑크X에메랄드

핑크

그레이

민트

로즈

SOPHIE

MARIE

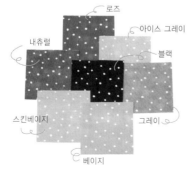

로즈

아이스 그레이

내츄럴

블랙

스킨베이지

그레이

베이지

La fleur 달콤한 설레임 컬렉션

제조사 : KOHAS (Japan)　폭 : 142cm　성분 : Cotton 55% / Linen 45%

스위트부케 ▶

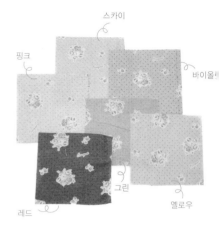

스카이

핑크

바이올렛

그린

레드

옐로우

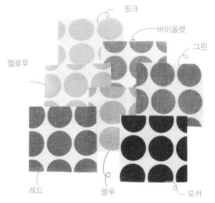

핑크

바이올렛

그린

엘로우

◀ 팅커벨바블

레드

블루

모카

리넨카페 도트 컬렉션

제조사 : KIYOHARA (Japan)　폭 : 110cm　성분 : Cotton 55% / Linen 45%

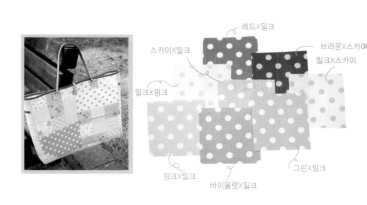

레드X밀크

스카이X밀크

브라운X스카에

밀크X스카이

밀크X핑크

핑크X밀크

바이올렛X밀크

그린X밀크

!뢰! 행복! 만족! 고객 행복파트너

FASHION START

[패션스타트]는 원단, 부재료, 패턴, 서적, 미싱 등 국내를 대표하는 DIY전문 종합쇼핑몰로서
수입상품, 국내상품, 트렌드유행상품, 독점 제작상품 등
10,000여종의 기본상품 및 시즌성상품 등을 판매하는 패션쇼핑몰입니다.

패션스타트는 이러한 다양한 종류와 스타일의 DIY상품들 이외에도 쇼핑플러스, 상품권,
특가, 경매 등의 다양한 "할인혜택 및 무료 쇼핑혜택"과 프로스타일, 상품기획전,
포터즈 갤러리, 고객갤러리, 서적 굿아이템 등 DIY 작품들에 대한 다양한
정보와 재미"를 선보이고 있습니다.

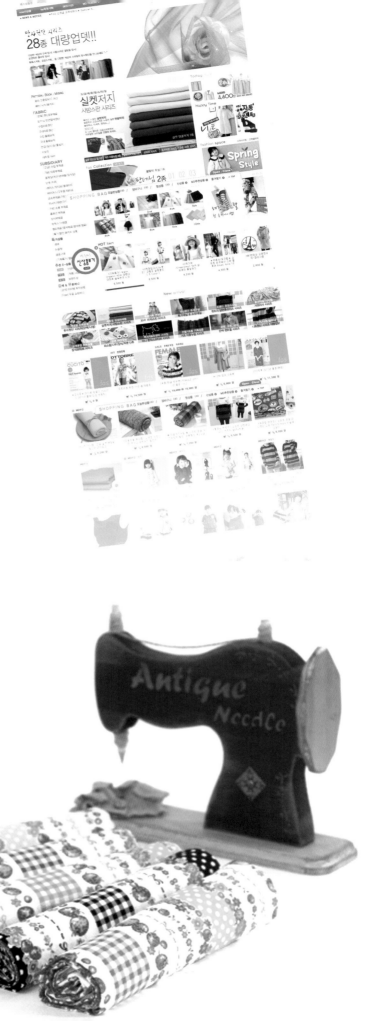

Fashion start!

365일 특가상품
"1일특가/ MD특가/ 공동구매/ 경매" 등
1년 365일 실속.알뜰 행복쇼핑.

Only FAS
"독점상품, 기획상품, 브랜드샵" 등
오직 패스 고객님만을 위한 상품 가득.

무료 쇼핑혜택
접속만 해도 무료머니 자동적립 !
"상품권, 쇼핑플러스" 등 패스 고객님만을 위한
풍성한 무료 쇼핑머니가 팡!팡!

아이템별 제작상품
"프로스타일, 상품기획전, 디자인전" 등
트렌드 및 다양한
스타일과 제작가능 상품을 한눈에.

패스는 이처럼 다양한 종류와 스타일의 상품과 혜택,
재미, 정보, 그리고 서비스 등을 통하여 고객님께 최고의 신뢰와 행복,
만족을 드리는 고객 행복파트너입니다.
'패스'는 패션스타트를 줄여서 부르는 사랑스러운 애칭입니다. ^^)

이제 스마트폰으로 만나세요 !

패 션 스 타 트 ▼ 를 쳐보세요!

대한민국 대표 패션 DIY 쇼핑몰
Fashion start www.fashionstart.net T. 1644-8957

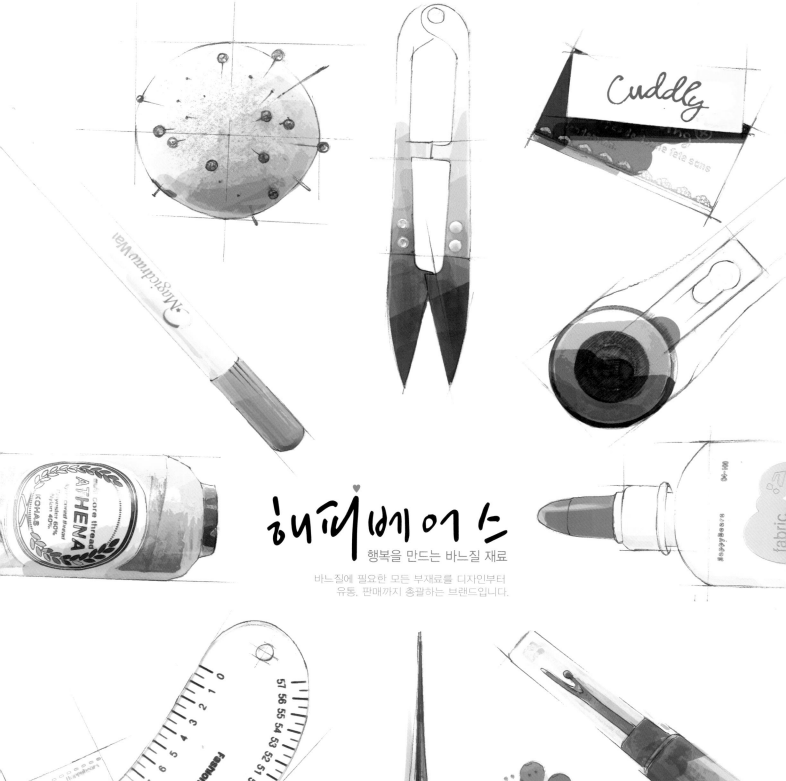

해피베어스

행복을 만드는 바느질 재료

바느질에 필요한 모든 부재료를 디자인부터
유통, 판매까지 총괄하는 브랜드입니다.

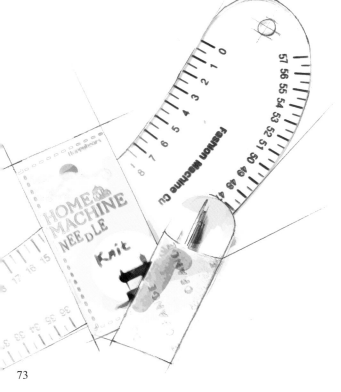

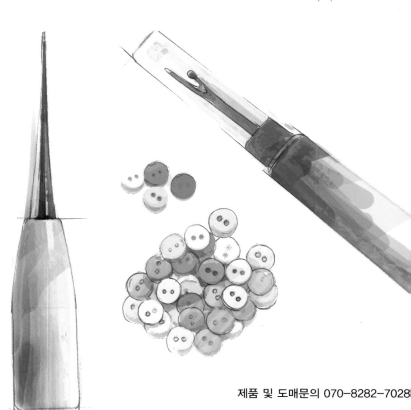

제품 및 도매문의 070-8282-7028

만들기 시작 전에

■ 참고 치수와 치수재는 방법

〈아동복 참고 치수표〉

사이즈		신장 (cm)	가슴둘레 (cm)	허리둘레 (cm)	엉덩이둘레 (cm)	등길이 (cm)	소매길이 (cm)	밑위길이 (cm)	밑아래길이 (cm)	머리둘레 (cm)	체중 (kg)	기준
60cm 사이즈		60	42	40	41	18	18	13	17	41	6	3개월전후
70cm 사이즈		70	46	42	45	19	21	14	22	45	9	6~12개월
80cm 사이즈		80	49	46	47	21	25	15	27	48	11	12~18개월
90cm 사이즈		90	51	48	52	23	28	16	32	50	13	2~3세
100cm 사이즈		95~105	54	51	58	25	31	17	38	52	16	3~4세
110cm 사이즈		105~115	56	53	61	27	35	18	43	54	20	5~6세
120cm 사이즈	남	115~125	64	57	62	30	38	18	49	55	26	7~8세
	여		62	55	63	29		19	49		25	

〈치수 재는 방법〉

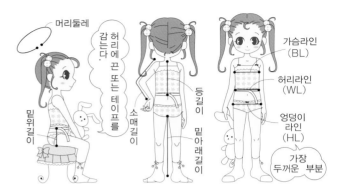

- 머리둘레
- 허리에 끈 또는 테이프를 감는다.
- 밑위길이
- 등길이
- 소매길이
- 밑아래길이
- 가슴라인 (BL)
- 허리라인 (WL)
- 엉덩이라인 (HL)
- 가장 두꺼운 부분

〈여성복 참고 치수표〉

사이즈	가슴둘레 (cm)	허리둘레 (cm)	엉덩이둘레 (cm)	등길이 (cm)	소매길이 (cm)	밑위길이 (cm)	밑아래길이 (cm)	머리둘레 (cm)
S	79	62	84	37	52	25	68	55
M	84	66	90	38	53	26	70	56
L	88	69	95	39	54	26.5	72	57

〈남성복 참고 치수표〉

사이즈	가슴둘레 (cm)	허리둘레 (cm)	엉덩이둘레 (cm)	등길이 (cm)	어깨폭 (cm)	소매길이 (cm)	밑위길이 (cm)	밑아래길이 (cm)
남성 M	92	80	92	47	43	57	24	71
남성 L	96	84	97	50	45	60	26	76

옷을 만들거나 패턴을 선택할 때에는 나이나 신장보다, 바지라면 엉덩이와 허리치수를, 블라우스라면 가슴치수와 가장 근접한 사이즈를 선택하세요.

■ 제도기호

본 책의 제도페이지에 등장하는 제도 기호입니다.

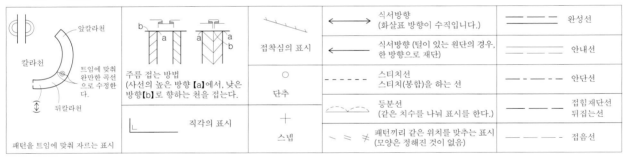

- 앞칼라천
- 칼라천
- 트임에 맞춰 완만한 곡선으로 수정한다.
- 뒤칼라천
- 패턴을 트임에 맞춰 자르는 표시
- 주름 접는 방법 (사선의 높은 방향 [a]에서, 낮은 방향 [b]로 향하는 천을 접는다.
- 직각의 표시
- 접착심의 표시
- 단추
- 스냅
- 식서방향 (화살표 방향이 수직입니다.)
- 식서방향 (털이 있는 원단의 경우, 한 방향으로 재단)
- 스티치선 스티치(봉합)을 하는 선
- 등분선 (같은 치수를 나눠 표시를 한다.)
- 패턴끼리 같은 위치를 맞추는 표시 (모양은 정해진 것이 없음)
- 완성선
- 안내선
- 안단선
- 접힘재단선 뒤집는선
- 접음선

제도 페이지 치수 단위는 모두 cm(센치미터)입니다.

옷의 부위별 명칭

■ 스커트
- 허리선
- 옆선
- 밑단선

■ 바지
- 허리선
- 주머니입구
- 밑아래선
- 옆선
- 바지가랑이선
- 밑단선

■ 상의 · 원피스
- 어깨선
- 옷깃둘레선
- 소매둘레선
- 몸판
- 소맷부리선
- 옆선
- 밑단선

실물크기 패턴의 사용방법

4 패턴을 자른다.

③완성선을 접는다.

②교차하는 부분을 넉넉히 남기고 종이를 자릅니다.

①패턴을 종이가위로 바깥쪽 선을 따라 자릅니다.

④접은 상태로 시접선을 따라 자릅니다.

⑤교차하는 부분은 이와같이 시접의 형태가 됩니다.

5 천에 다림질을 한다.

옷감 결의 비틀림이 클 경우는 옷감의 결을 비스듬히 당기면서 다림질로 정리한다.

6 천을 자른다.

①천의 재단방법을 참고해 원단 위에 자른 패턴을 올려놓고 시침핀으로 고정한다. 이 때, 패턴의 식서선과 원단의 수직방향을 맞춘다.

7 접착심을 붙인다.

좋은 다림질 방법

나쁜 다림질 방법

접착 안된 부분

접착심의 접착면(꺼끌꺼끌한 면)을 원단의 안쪽에 맞추고 스팀다리미로 붙인다.

②원단용 가위로 패턴의 시접선을 따라 원단을 자른다.

8 표시를 한다.

소프트 룰렛

두꺼운 종이
양면 쵸크페이퍼

두꺼운 종이를 받침으로 해서 천 사이에 양면 쵸크페이퍼를 끼워서 완성선을 소프트 룰렛으로 덧그려서 표시를 한다.

상태 표시한 것이 끝난

쵸크페이퍼로 표시되지 않는 원단(털이 있는 소재·얇은 소재)은 1장씩 시접없이 패턴을 놓고 시침질이나 손바느질로 실표뜨기를 한다. 그 후에 시접을 그려 원단을 재단한다.

시침질이 끝난 상태

시침질

1 만들고 싶은 작품이 결정되면

천의 재단방법   작품번호   실물크기 패턴의 면

①만들고 싶은 작품이 결정되면 만드는 방법 페이지를 폅니다. 패턴이 A, B, C, D의 어느 면에 있는지 확인합니다.

패턴의 면   작품번호   선의 종류·수량

②패턴지에서 ①에서 확인한 면을 폅니다. 실물크기 패턴의 표에서 본 책의 작품번호와 같은 번호로 되어 있는 사용패턴 번호의 선·색·패턴의 장수를 체크합니다.

패턴기호

패턴이 도중에 나뉘어 있을 때, 기호를 맞춰서 패턴을 1장으로 만든다.

→ 식서

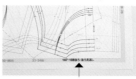

작품·패턴번호

③필요한 부분을 바깥선에 있는 표시를 보고 찾는다.

2 패턴을 베껴 그린다.

※ 안감 등 몸판의 패턴 중에 함께 그릴 수 있는 경우는 몸판과 별개로 부분을 따로 베껴냅니다.
※ 필요한 사이즈의 선, 맞춤점, 다는 위치, 식서를 베끼고 명칭도 잊지말고 기입합니다.
※ 1장씩 원단을 자를 경우는 접힘이라고 쓰여있는 부위는 펴서 베껴냅니다.

투명하지 않는 종이에 베끼는 경우

패턴
단면 쵸크페이퍼 (쵸크가 묻어있는 면)
베끼는 종이 두꺼운 종이

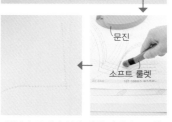

문진
소프트 룰렛

책상이 긁히지 않게 제일 아래에 두꺼운 종이를 대고 베끼는 종이 위에 패턴을 놓고 쵸크페이퍼를 사이에 끼워서 소프트 룰렛으로 패턴의 선을 덧그려 베낍니다.

투명종이에 베끼는 경우

문진

상태 패턴을 베끼고 끝난

얇은 종이를 베끼고 싶은 패턴 위에 겹치고 종이가 비뚤어지지 않게 문진으로 고정하고 직선은 방안자, 곡선은 커브자를 사용하여 샤프로 베낍니다.

3 시접분을 그린다.

시접을 그린 후 상태

베낀 패턴에 시접을 그린다.

※ 각 부위의 시접은 「천의 재단방법」을 참고해서 붙여주세요.
※ 시침질 할 경우는 여기서 시접을 붙이지 않습니다.

매듭고정
다 봉합한 후에도 실이 뽑히지 않도록 모두 봉합한 후 실 끝을 매듭지어 놓는 것이 매듭고정입니다.

2 실을 감은 부분을 엄지로 누릅니다.

1 모두 봉합한 후 바늘땀에 바늘을 놓고 실을 2~3번 감습니다.

4 실을 자르고 완성.

3 엄지로 누릅니다.

단추구멍의 크기 결정 방법

	꽃무늬단추	버섯모양단추	원형단추

단추크기 + 두께　　단추지름 + 두께의 절반　　단추지름 + 두께

단추구멍의 위치 결정 방법

세로의 경우　　　가로의 경우

실기둥 단추를 다는 방법
옷에 딱 붙게 달면 원단 두께분이 부족하므로 단추가 걸리지 않도록 실기둥을 단다.

2 단추의 아래에 실기둥의 공간을 만들기 위한 바늘을 끼워 2~3번 단추에 실을 통과시킨다.

1 단추다는 실을 2줄로 해서 매듭묶기를 만들어 밑에서 위로 실을 올려 뺀다.

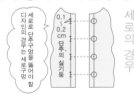

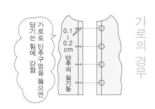

4 다시한번 1바늘 통과시켜 매듭고정을 만들고 실을 자른다.

3 실기둥 바늘을 빼고나서 3~4번 실을 감는다.

5 완성

스냅 다는 방법

凹　凸

3 밤　4 넣음
2 넣음
1 밤

2 凸스냅의 한 구멍에 바늘을 통과시킨다.

바늘에 빠져나가게 한다

매듭묶기

1손바느질 실을 1줄로 해서 매듭묶기를 만들고 밑에서 위로 실을 올려 뺀다.

3 실을 당겨가며 한 구멍마다 2~3번 실을 통과시켜 고정한다.

매듭고정

6 凸의 스냅과 같은 방법으로 단다.

5 凹스냅 위치를 결정할 때는 스냅의 정중앙의 뚫린 구멍에 바늘을 넣어 위치를 결정하면 틀어지지 않는다.

완성

4 매듭고정을 만들고 실을 마지막 통과한 곳의 반대쪽으로 바늘을 빼면서 매듭고정을 스냅의 아래로 넣고 실을 자른다.

매듭묶기
손바느질을 시작하기 전에 실이 빠지지 않도록 실끝을 매듭지어 놓는 것이 매듭묶기입니다.

2 실의 교차지점을 누르고 검지를 옮기며 실을 꼽니다.

1 실끝을 탄탄히 당겨잡고 검지로 실을 한바퀴 감습니다.

4 매듭묶기 완성

3 꼬은실을 검지와 엄지로 누르고 거기에 실을 강하게 꼬면서 당깁니다.

촘촘한 바느질
바늘끝만을 움직여 좀 더 촘촘히 봉합하는 방법입니다. 주머니의 곡선부분이나 주름을 잡을 때 등 긴쪽의 천을 짧은 쪽의 길이에 맞추기 위해 줄일 때 사용하는 방법입니다.

보통 바느질
손바느질의 기본이 되는 바느질입니다. 본 책에서 「시침질」이라고 표기하고 있는 곳은 이 바느질 방법을 사용합니다.

0.15 ~ 0.2cm
0.15 ~ 0.2cm

0.2 ~ 0.3cm
0.2 ~ 0.3cm

일반 공그르기
일반적인 공그르기 방법으로 본 책에서 공그르기라고 써 있는 곳에 이 방법을 사용합니다. 바늘땀이 비스듬히 흐릅니다.

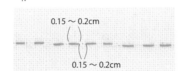

0.3 ~ 0.5cm

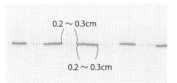

3 뺌　4 넣음　2 넣음
5 뺌　1 뺌

수직 공그르기
바늘땀이 천에 대해서 직각이 되게 하는 공그르기입니다.

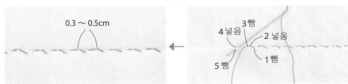

0.2 ~ 0.4cm

4 넣음　2 넣음
1 뺌
5 뺌　3 뺌

밑단 공그르기
자켓 등의 밑단을 올릴 때 사용합니다. 시접의 끝을 공그르는 방법입니다.

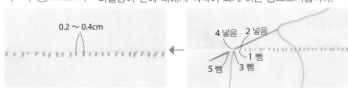

0.3 ~ 0.5cm

3 뺌　2 넣음　1 뺌
5 뺌　4 넣음

1 cm

시침실

3 시침실을 뽑으면 완성.

2 천 끝을 접어 넣고 일반 공그르기를 합니다.

1 시침실로 반고정합니다.

ㄱ자 바느질
트여있는 시접과 맞출 때 공그르기 방법입니다. 주로 가방에 사용하는 공그르기입니다. ㄱ자를 그리듯 접는 산의 중간에 실을 통과시키며 봉합합니다.

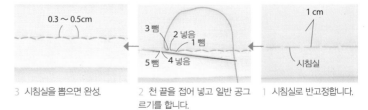

0.2 ~ 0.3cm

3 뺌
2 넣음
5 뺌　1 뺌
4 넣음

소잉ABC (머신소잉)

줄임봉합(소매산을 만든다.)

일반소매는 몸판의 소매둘레의 길이에 맞춰 줄임봉합을 합니다.

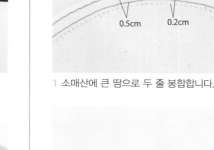

큰 땀 봉합

0.5cm 0.2cm

1 소매산에 큰 땀으로 두 줄 봉합합니다.

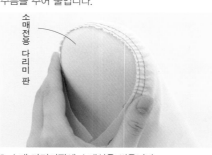

2 실을 당겨 몸판의 소매둘레 길이에 맞게 주름을 주어 줄입니다.

소매전용 다리미판

3 소매 다리미판에 소매산을 씌웁니다.

4 시접을 스팀다리미로 누르면서 시접의 주름을 눌러줍니다.

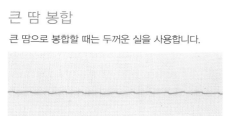

5 소매산에 부푼 모양이 생긴 상태

큰 땀 봉합

큰 땀으로 봉합할 때는 두꺼운 실을 사용합니다.

시침핀으로 고정하는 방법

시침핀은 원단을 봉합하는 방향으로부터 직각으로 시접쪽을 향해 꽂습니다. 봉합방향과 평행하게 꽂으면 2장의 천이 비틀어지기 쉽고 봉합할 때 방해가 됩니다.

✕ 평행이나 비스듬히 꽂으면 안됨

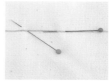

○ 봉합방향 반대로 직각으로

되돌아박기

봉합 시작, 봉합 끝에 실이 풀리는 것을 방지하기 위해 같은 곳을 3~4바늘을 겹쳐 봉합하는 것을 말합니다.

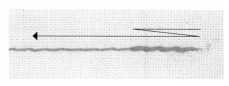

봉합 끝   봉합 시작

2번 봉합

펴지기 쉬운 곳의 바늘땀을 보강하기 위해 한 번 봉합한 봉합선에 겹쳐서 봉합하는 것입니다. 주로 바지 밑 아래를 봉합할 때 사용합니다.

완성치수 표시에 대해서

이 책에 게재되어 있는 작품(옷)이므로 완성치수는 아래 그림의 치수재는 방법에 따른 표시입니다.

소매길이 · · · 어깨 끝부터 소맷부리까지의 길이.
　래글런슬리브의 경우는 옷깃둘레부터 소매입구까지의 길이

스커트길이 · · · 허리부터 밑단까지의 길이.

팬츠길이 · · · 허리부터 밑단까지의 길이.

원피스·셔츠길이 · · · 옷깃둘레와 어깨선의 맞춤점부터 뒤밑단까지의 길이
　래글런슬리브의 경우는 뒤옷깃둘레부터 뒤밑단까지의 길이

가슴둘레 · · · 소매둘레 아래의 앞과 뒤를 한바퀴 잰 길이.

■팬츠

팬츠길이

■스커트

스커트길이

■래글런 슬리브

뒤

소매길이

가슴둘레

총길이

■원피스·셔츠

뒤

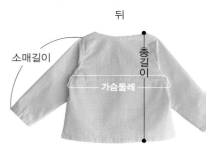

소매길이

가슴둘레

총길이

무늬 맞추기란 , 옷의 앞 , 뒤 , 좌 , 우의 무늬를 맞추는 것을 말합니다 . 특히 체크나 보더 무늬 원단으로 옷을 만들 때에는 무늬를 잘 맞추면 그것만으로도 예쁘게 보입니다 . 이번호에서는 원피스를 만들면서 간단하게 무늬를 맞추는 방법을 소개합니다 .

패턴 놓는 방법

그 다음은 원단을 잘라서 표시를 하고 봉합한다 .

완성 앞

완성 뒤

팬츠 무늬 맞춤

좌우 팬츠나 주머니도 무늬를 맞추면 좋습니다 .

보더 무늬 맞춤

앞몸판과 소매 , 앞요크도 무늬를 맞춥니다 .

3 원단에 패턴놓기

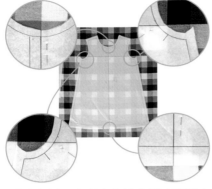

①앞판 패턴을 어느 무늬 위치에 배치할지 결정한다 .

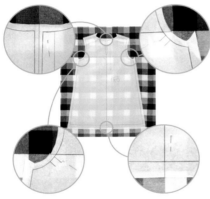

②뒤판 패턴을 앞판과 동일한 무늬의 위치에 놓는다 .

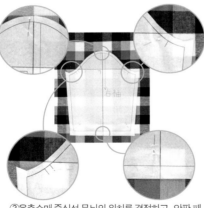

③우측소매 중심선 무늬의 위치를 결정하고 , 앞판 패턴의 가로선 무늬의 위치를 동일하게 하여 배치한다 .

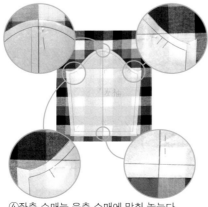

④좌측 소매는 우측 소매에 맞춰 놓는다 .

④앞판 패턴은 앞 중심선에 선을 그립니다 . 옆의 아래에 5~6cm 의 위치에 수평선을 그립니다 .

⑤뒤판 패턴은 뒷중심선에 선을 그립니다 . 앞판의 가로선 옆 아래에서부터 높이를 맞춰 수평선을 그립니다 .

⑥소매의 패턴은 소매중심선에 선을 그립니다 . 옆의 아래에서부터 5~6cm 의 위치에 수평선을 그립니다 .

1 원단 틀어짐 없애기

①원단의 체크무늬가 틀어져 있으면 먼저 비스듬히 원단을 당기고 , 가로와 세로를 똑바로 합니다 .

②원단 안쪽부터 다림질을 합니다 .

2 패턴 만들기

(무늬 맞추는 것은 처음 패턴을 만들 때 주의하는 것이 가장 중요합니다 .)

①실물크기 패턴은 앞이나 뒤 등이 우측 바깥쪽만 기재되어 있는 패턴은 우측을 베끼고 나서 중심선을 접어 좌측을 베낍니다 . 좌측의 반대로 뒤집어서 좌측을 베낍니다 .

②소매는 우측 소매로 우측 소매를 베끼고 나서 베낀 종이를 반대로 뒤집어서 좌측을 베낍니다 .

③패턴에 시접을 그

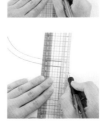

● No.73배색천 재단 방법 ●

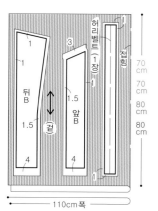

● No.74·75겉감 재단 방법 ●

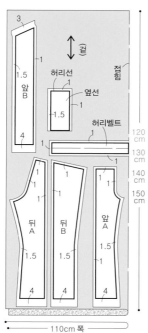

재료 ● ● ● ● ● ● ● ● ● ●

겉감(내추럴 코튼리넨·No.73) 110cm 폭
60cm 70cm 80cm 80cm

겉감(10수 리버시블·No.74·75) 110cm 폭
120cm 130cm 140cm 150cm

배색천(10수 리버시블·No.73) 110cm 폭
70cm 70cm 80cm 80cm

2cm 폭의 고무밴드
45cm 50cm 50cm 55cm

●완성치수
(전체길이) 50cm 57.5cm 64cm 70.5cm

주머니의 실물 크기의 패턴은 **C**면
26, 27, 29, 30번을 베끼고, 제도를 보며 수정

※ 패턴·제도에 시접은 포함되어 있지 않습니

74 73

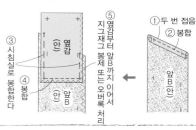

75

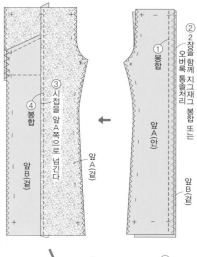

● No.73겉감 재단 방법 ●

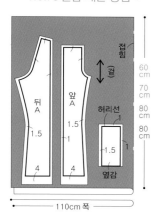

전체에 41 44 46 50 cm 의 고무밴드를 통과시킨다

허리벨트
(No.73·배색천)

● 제도 ●

옆감
(No.74·75·원단의 안쪽면 사용)

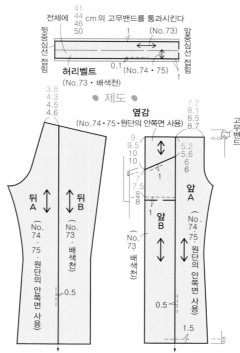

─── 의 부분은 실물 크기의 패턴을 사용합니다.

┌─ 사이즈 표시 ─┐
90cm 사이즈─ ●
100cm 사이즈─ ●
110cm 사이즈─ ●
120cm 사이즈─ ●
1개 밖에 없는 숫자는 공통

73~75의 만드는 방법
‥‥‥‥‥‥‥‥‥
봉합의 시작과 끝은 되돌아박기를 하세요.
● 봉합 시작 전에 ●
바지가랑이선 원단 끝에 지그재그
봉제 또는 오버록 처리를 합니다.

① 주머니를 만든다.

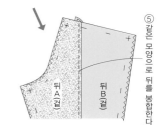

② 변형선을 봉합한다.

⑤ 허리벨트를 만들어 단다.

⑥ 고무밴드를 통과시킨다.

①고무밴드를 통과시킨다

③ 옆선·바지가랑이선을 봉합하고 밑단을 봉합한다.

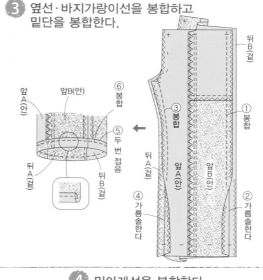

④ 밑아래선을 봉합한다.

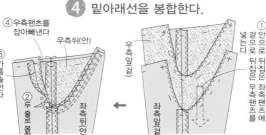

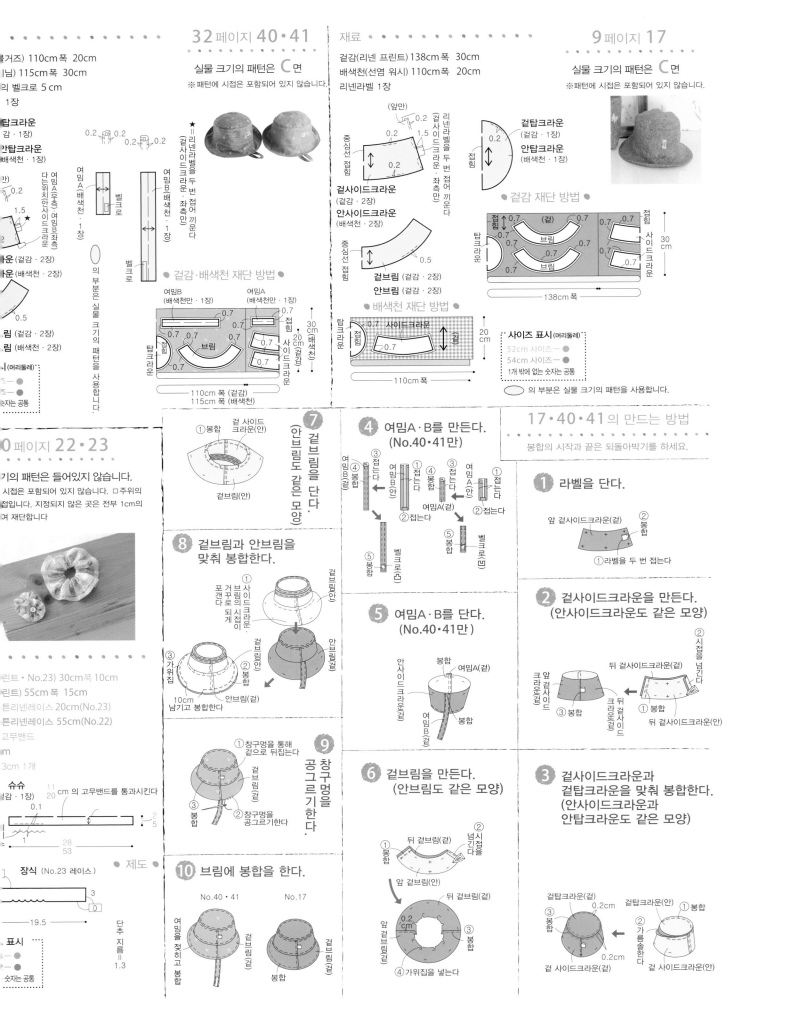

재료

걸거즈) 110cm폭 20cm
니님) 115cm폭 30cm
의 벨크로 5cm
1장

실물 크기의 패턴은 **C**면
※패턴에 시접은 포함되어 있지 않습니다.

겉감(리넨 프린트) 138cm폭 30cm
배색천(선염 워시) 110cm폭 20cm
리넨라벨 1장

실물 크기의 패턴은 **C**면
※패턴에 시접은 포함되어 있지 않습니다.

탑크라운
(겉감·1장)
안탑크라운
(배색천·1장)

0.2 0.2   0.2 0.2

1.5 ★

여밈A(배색천·1장)
벨크로
여밈B(배색천·1장 좌측만)

(앞만) 0.2 1.5

(리넨라벨을 두 번 접어 끼운다
겉사이드크라운·좌측만)

중심선 접힘
0.2
0.2

0.2

★ = (리넨라벨을 두 번 접어 끼운다
겉사이드크라운·좌측만)

겉탑크라운
(겉감·1장)
안탑크라운
(배색천·1장)
접힘

겉사이드크라운
(겉감·2장)
안사이드크라운
(배색천·2장)
0.5
중심선 접힘

겉브림(겉감·2장)
안브림(겉감·2장)

● 겉감 재단 방법 ●

접힘 0.7 (겉) 0.7
0.7 0.7
탑크라운 브림 사이드크라운
0.7 0.7
브림
0.7 0.7 0.7

30cm

138cm 폭

● 겉감·배색천 재단 방법 ●

여밈B(배색천만·1장)
여밈A(배색천만·1장)
0.7   0.7
접힘 0.7 0.7
탑크라운 브림 사이드크라운
0.7   0.7
0.7

30cm 배색천
20cm 겉감

110cm 폭(겉감)
115cm 폭(배색천)

● 배색천 재단 방법 ●

접힘 0.7 사이드크라운 (겉)
탑크라운 0.7

110cm 폭

20cm 배색천

사이즈 표시 (머리둘레)
52cm 사이즈 —●
54cm 사이즈 —●
1개 밖에 없는 숫자는 공통

◯ 의 부분은 실물 크기의 패턴을 사용합니다.

의 부분은 실물 크기의 패턴을 사용합니다.

0 페이지 22·23

기의 패턴은 들어있지 않습니다.
시접은 포함되어 있지 않습니다. □주위의
접입니다. 지정되지 않은 곳은 전부 1cm의
여 재단합니다

린트·No.23) 30cm폭 10cm
린트) 55cm 폭 15cm
튼리넨레이스 20cm(No.23)
튼리넨레이스 55cm(No.22)
고무밴드
m
3cm 1개

슈슈
겉감·1장
0.1
11
20 cm 의 고무밴드를 통과시킨다

1   28
53

장식 (No.23 레이스)
3
◯
19.5

표시
●
●
숫자는 공통

17·40·41 의 만드는 방법
봉합의 시작과 끝은 되돌아박기를 하세요.

④ **여밈A·B를 만든다.**
(No.40·41만)

③접는다 ④접는다 ③접는다
여밈B(겉) ①접는다 여밈A(겉)
여밈B(안) 여밈A(안)
②접는다 ②접는다
⑤봉합 벨크로(凸)
봉합 벨크로(凹)

① **라벨을 단다.**

앞 겉사이드크라운(겉) ②봉합
①라벨을 두 번 접는다

⑤ **여밈A·B를 단다.**
(No.40·41만)

안사이드크라운(겉)
봉합 여밈A(겉)
봉합 여밈B(겉)

② **겉사이드크라운을 만든다.**
(안사이드크라운도 같은 모양)

②시접을 넘긴다
뒤 겉사이드크라운(겉)
앞 겉사이드크라운(겉)
③봉합
①봉합
뒤 겉사이드크라운(안)

⑥ **겉브림을 만든다.**
(안브림도 같은 모양)

①봉합 뒤 겉브림(겉) ②넘시긴접다을
앞 겉브림(안)

뒤 겉브림(겉)
0.2 cm
앞 겉브림(겉)
①봉합 ③봉합
④가위집을 넣는다

③ **겉사이드크라운과
겉탑크라운을 맞춰 봉합한다.**
(안사이드크라운과
안탑크라운도 같은 모양)

겉탑크라운(겉) 겉탑크라운(안) ①봉합
0.2cm
②가를 솔한다
봉합
0.2cm
겉 사이드크라운(겉) 겉 사이드크라운(안)

⑦ **겉브림을 단다.**
(안브림도 같은 모양)

①봉합 겉 사이드크라운(안)
겉브림(안)

⑧ **겉브림과 안브림을
맞춰 봉합한다.**

포 거브림사이드의 크다게 라운 접이
겉브림(안)
가위집
안브림(겉)
③봉합 ②봉합
10cm 남기고 봉합한다

⑨ **창구멍을 공그르기 한다.**

①창구멍을 통해 겉으로 뒤집는다
겉브림(겉)
③봉합 ②창구멍을 공그르기한다

⑩ **브림에 봉합을 한다.**

No.40·41
여밈을 젖히고 봉합
겉브림(겉)

No.17
겉브림(겉)
봉합

단추 지름 = 1.3

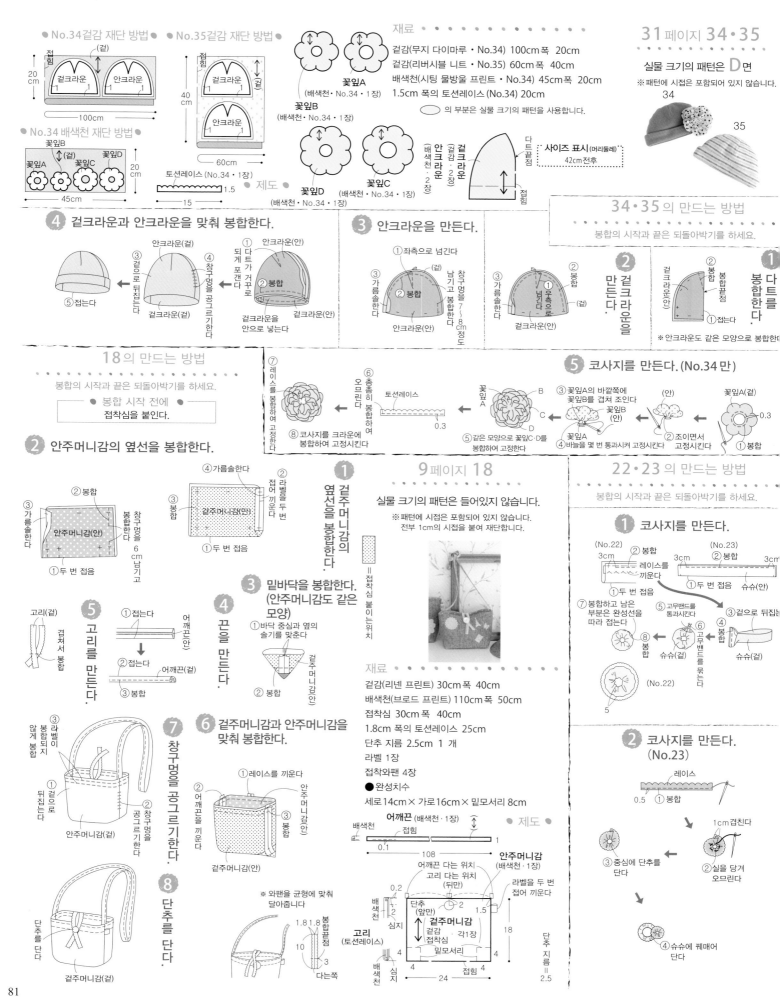

● No.34겉감 재단 방법 ● No.35겉감 재단 방법

접힘
(겉)
20cm
겉크라운 1 안크라운 1
100cm

접힘
(겉)
40cm
겉크라운 1
안크라운 1
60cm

● No.34 배색천 재단 방법
꽃잎B (겉)
꽃잎A 꽃잎C 꽃잎D
20cm
45cm

● 재료 ●
겉감(무지 다이마루・No.34) 100cm 폭 20cm
겉감(리버시블 니트・No.35) 60cm 폭 40cm
배색천(시팅 물방울 프린트・No.34) 45cm폭 20cm
1.5cm 폭의 토션레이스 (No.34) 20cm

꽃잎A (배색천・No.34・1장)
꽃잎B (배색천・No.34・1장)

의 부분은 실물 크기의 패턴을 사용합니다.

꽃잎D (배색천・No.34・1장)
꽃잎C (배색천・No.34・1장)

토션레이스 (No.34・1장)
1.5
15
● 제도 ●

안크라운 (배색천・2장)
겉크라운 (겉감・2장)
다트 끝점
접힘

● 사이즈 표시 (머리둘레)
42cm전후

31 페이지 34・35

실물 크기의 패턴은 D면
※ 패턴에 시접은 포함되어 있지 않습니다.
34
35

34・35 의 만드는 방법

봉합의 시작과 끝은 되돌아박기를 하세요.

① 다트를 봉합한다.
겉크라운(안)
②접는다
봉합끝점
※ 안크라운도 같은 모양으로 봉합한다

② 겉크라운을 만든다.
②봉합
봉합끝점
겉크라운(안)
겉크라운(겉)
넘긴다 우측으로

③ 안크라운을 만든다.
①좌측으로 넘긴다
③가를솔한다
②봉합
안크라운(겉)
안크라운(안)
창구멍을 남기고 봉합한다 남기고 7~8cm 정도
③가를솔한다
②봉합
①우측으로 넘긴다
안크라운(안)
겉크라운(겉)

④ 겉크라운과 안크라운을 맞춰 봉합한다.
③겉으로 뒤집는다
⑤접는다
④창구멍을 공그르기한다
①다트가 거꾸로 되게 포갠다
②봉합
안크라운(겉)
안크라운(안)
겉크라운(안)
겉크라운을 안으로 넣는다

⑤ 코사지를 만든다. (No.34 만)
꽃잎B 꽃잎A B C
토션레이스
⑥촘촘히 봉합하여 고정한다
⑦레이스를 봉합하여 고정한다
⑧코사지를 크라운에 봉합하여 고정시킨다
③꽃잎A의 바깥쪽에 꽃잎B를 겹쳐 조인다
④바늘을 몇 번 통과시켜 고정시킨다
⑤같은 모양으로 꽃잎C・D를 봉합하여 고정시킨다
꽃잎B(안)
꽃잎A
②조이면서 고정시킨다
꽃잎A(겉)
①봉합
0.3

18 의 만드는 방법
봉합의 시작과 끝은 되돌아박기를 하세요.
● 봉합 시작 전에
접착심을 붙인다.

② 안주머니감의 옆선을 봉합한다.
②봉합
③가를솔한다
안주머니감(안)
봉합한다 창구멍을 6cm 남기고
①두 번 접음
④가름솔한다
②접어 끼운다
③봉합
라벨을 두 번
겉주머니감(안)
①두 번 접음

① 겉주머니감의 옆선을 봉합한다.

9 페이지 18
실물 크기의 패턴은 들어있지 않습니다.
※ 패턴에 시접은 포함되어 있지 않습니다.
전부 1cm의 시접을 붙여 재단합니다.

=접착심 붙이는 위치

● 재료
겉감(리넨 프린트) 30cm 폭 40cm
배색천(브로드 프린트) 110cm 폭 50cm
접착심 30cm 폭 40cm
1.8cm 폭의 토션레이스 25cm
단추 지름 2.5cm 1 개
라벨 1장
접착와팬 4장
● 완성치수
세로14cm × 가로16cm × 밑모서리 8cm

22・23 의 만드는 방법
봉합의 시작과 끝은 되돌아박기를 하세요.

① 코사지를 만든다.
(No.22)
②봉합
①두 번 접음
3cm
(No.23)
②봉합
①두 번 접음
슈슈(안)
3cm
3cm
③겉으로 뒤집는다
④봉합
슈슈(겉)
②레이스를 끼운다
⑤고무밴드를 통과시킨다
⑥고무밴드를 묶는다
⑦봉합하고 남은 부분은 완성선을 따라 접는다
⑧봉합
슈슈(겉)
(No.22)
5

② 코사지를 만든다. (No.23)
레이스
0.5 ①봉합
1cm겹친다
②실을 당겨 오므린다
③중심에 단추를 단다
④슈슈에 꿰매어 단다

③ 밑바닥을 봉합한다. (안주머니감도 같은 모양)
①바닥 중심과 옆의 솔기를 맞춘다
②봉합
겉주머니감(안)

④ 끈을 만든다.
①접는다
②접는다
③봉합
어깨끈(안)
어깨끈(겉)

⑤ 고리를 만든다.
고리(겉)
겹쳐서 봉합

⑥ 겉주머니감과 안주머니감을 맞춰 봉합한다.
①레이스를 끼운다
②어깨끈을 끼운다
③봉합
안주머니감(안)
겉주머니감(안)

⑦ 창구멍을 공그르기한다.

⑧ 단추를 단다.

③라벨이 봉합되지 않게 봉합한다
①겉으로 뒤집는다
②창구멍을 공그르기한다
안주머니감(겉)

단추를 단다
겉주머니감(겉)

● 제도
어깨끈 (배색천・1장)
접힘
배색천
0.1
108
1

안주머니감 (배색천・1장)
어깨끈 다는 위치
고리 다는 위치 (뒤만)
라벨을 두 번 접어 끼운다
0.2
단추 (앞만)
2
1.5
겉주머니감 겉감・접착심 각1장
밑모서리
18
단추 지름 2.5
배색천 심지
고리 (토션레이스)
4 접힘 4
24

※ 와팬을 균형에 맞춰 달아줍니다
1.8 1.8
봉합끝점
10
3
다는쪽

· 겉감 재단 방법 ·

· 제도 ·

허리벨트

주머니

앞

뒤

주머니다는 위치

재료
겉감 (내추럴 코튼리넨·No.56)110cm 폭
겉감(코튼리넨 프린트·No.57)112cm 폭
100cm 100cm 100cm 110cm
1.2cm 폭의 더블스티치 리넨테이프 20cm
1.5cm 폭의 고무밴드
45cm 50cm 50cm 55cm
단추 지름 1.5cm 4개
●완성치수
(전체길이) 32cm 35.5cm 39cm 42cm

탭
(더블스티치 리넨테이프 2개)

사이즈 표시
90cm 사이즈 —
100cm 사이즈 —
110cm 사이즈 —
120cm 사이즈 —
1개 밖에 없는 숫자는 공통

부분은 실물크기의 패턴을 사용합니다.

110cm 폭 (No.56)
112cm 폭 (No.57)

7 페이지 56·57
실물 크기의 패턴은 B면
※ 패턴에 시접은 포함되어 있지 않습니다.

56·57의 만드는 방법
봉합의 시작과 끝은 되돌아박기를 하세요.
● 봉합 시작 전에 ●
바지가랑이선·밑아래선·뒤옆의 원단 끝에
지그재그 봉제 또는 오버록 처리를 합니다.

5 밑아래선을 봉합한다.(79페이지 참조)
6 허리벨트를 만든다. (79페이지 참조)
7 허리벨트를 단다.

8 고무밴드를 통과시킨다.(79페이지 참조)
9 탭을 만들어 단다.

3 바지가랑이선을 봉합한다.
4 밑단을 봉합한다.

1 주머니를 만들고 단다.
(19페이지 참조)
2 옆선을 봉합한다.

19의 만드는 방법
봉합의 시작과 끝은 되돌아박기를 하세요.
● 봉합 시작 전에 ●
접착심을 붙인다.

1 손잡이를 만든다.
2 고리를 만든다.

· 제도 ·
손잡이 (겉감·접착심 각2장)

재료
겉감(리넨 프린트) 45cm폭 50cm
배색천(브로도 프린트) 35cm폭 50cm
접착심 45cm 폭 50cm
1.8cm 폭의 토션레이스 35cm
단추 지름 2.5cm 1개
라벨 1장
접착와팬 3장
●완성치수
세로 17.5cm× 가로 21cm× 밑모서리 10cm

9 페이지 19
실물 크기의 패턴은 들어있지 않습니다.
※ 제도에 시접은 포함되어 있지 않습니다.
전부 1cm의 시접을 붙여 재단합니다.

82

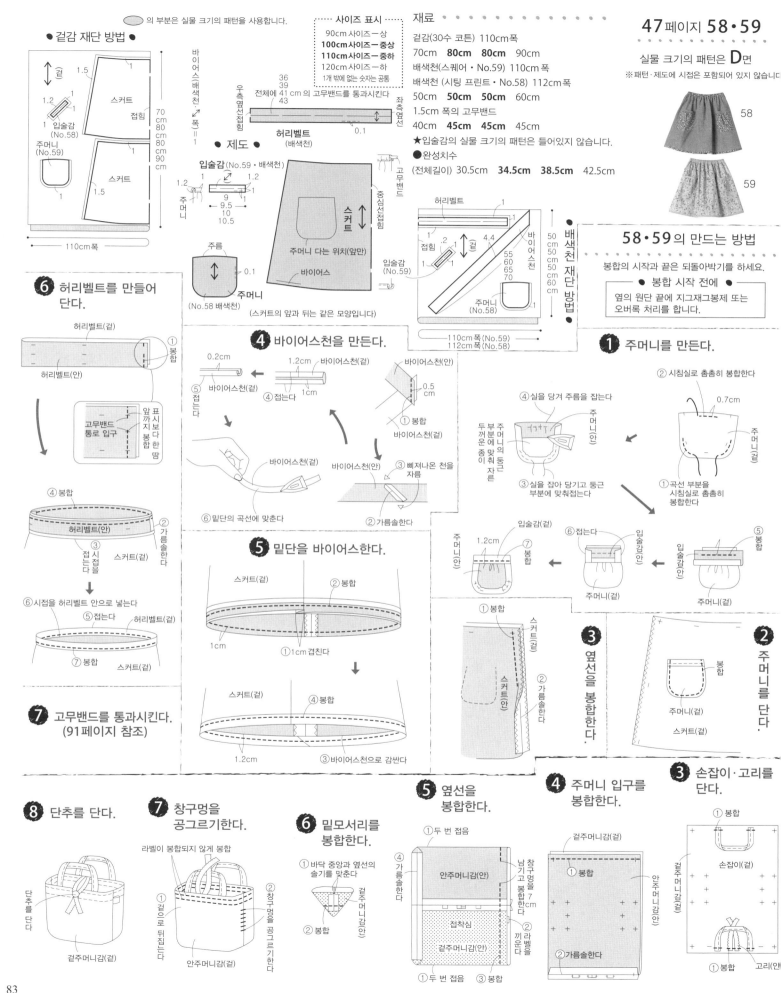

● 겉감 재단 방법 ●

○ 의 부분은 실물 크기의 패턴을 사용합니다.

┌─ 사이즈 표시 ─┐
90cm 사이즈―상
100cm 사이즈―중상
110cm 사이즈―중하
120cm 사이즈―하
1개 밖에 없는 숫자는 공통
└──────────┘

재료
겉감(30수 코튼) 110cm폭
70cm **80cm 80cm** 90cm
배색천(스퀘어·No.59) 110cm 폭
배색천 (시팅 프린트·No.58) 112cm폭
50cm **50cm 50cm** 60cm
1.5cm 폭의 고무밴드
40cm **45cm 45cm** 45cm
★입술감의 실물 크기의 패턴은 들어있지 않습니다.
●완성치수
(전체길이) 30.5cm **34.5cm 38.5cm** 42.5cm

58

59

58·59의 만드는 방법

봉합의 시작과 끝은 되돌아박기를 하세요.

● 봉합 시작 전에 ●
옆의 원단 끝에 지그재그봉제 또는
오버록 처리를 합니다.

⑥ 허리벨트를 만들어 단다.

④ 바이어스천을 만든다.

⑤ 밑단을 바이어스한다.

① 주머니를 만든다.

⑦ 고무밴드를 통과시킨다.
(91페이지 참조)

③ 옆선을 봉합한다.

② 주머니를 단다.

⑧ 단추를 단다.

⑦ 창구멍을 공그르기한다.

⑥ 밑모서리를 봉합한다.

⑤ 옆선을 봉합한다.

④ 주머니 입구를 봉합한다.

③ 손잡이·고리를 단다.

83

● 배색천 재단 방법 ●

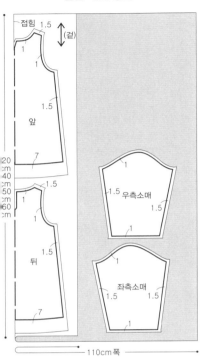

뒤안단   앞안단
접힘 1.5   ↑(겉)   1.5 접힘
20
cm
소맷부리안단 1
└─── 110cm 폭 ───┘

┄┄┄┄ 사이즈 표시 ┄┄┄┄
90cm 사이즈 — 상
100cm 사이즈 — 중상
110cm 사이즈 — 중하
120cm 사이즈 — 하
1개 밖에 없는 숫자는 공통

● 겉감 재단 방법 ●

접힘 1.5
1   ↑(겉)
1
앞
1.5
20
cm
40
cm
50
cm
60
cm
7
1.5
1.5 우측소매 1.5
1
1.5
뒤
1.5
7
좌측소매
1.5   1.5
1
└──── 110cm 폭 ────┘

재료 ● ● ● ● ● ● ● ● ● ●
겉감 (크로스 프린트) 110cm폭
120cm **140cm 150cm** 160cm
배색천(코튼리넨) 110cm 폭 20cm
굵기 0.4cm 의 장식끈 10cm
단추 지름 1 cm 1개
● 완성치수
(전체길이) 48cm **54.5cm 61cm** 67.5cm
(소매길이) 32cm **35cm 40cm** 44cm
(가슴둘레) 67cm **70cm 72cm** 80cm

⬭ 의 부분은 실물 크기의 패턴을 사용합니다.

고리
1   1.7

배색천

고리의 굵기 (장식끈) = 0.4

단추 지름 = 1

배색천

앞안단 (배색천)

0.1
0.1   0.5   0.1
배색천   0.1   0.5
0.1
뒤안단 (배색천)
↕ 뒤
뒷중심선 접힘

↕ 앞
앞중심선 접힘

3   3

뒤   앞
↕ 소매
틈임끝점   소맷부리안단 (배색천)   틈임끝점
0.5
배색천
0.2
배색천

64페이지 **106**
실물 크기의 패턴은 **C**면
※패턴·제도에 시접은 포함되어 있지 않습니다.

● 제도 ●

───────────────────────────────

┄┄┄┄ 사이즈 표시 ┄┄┄┄
90cm 사이즈 — 상
100cm 사이즈 — 중상
110cm 사이즈 — 중하
120cm 사이즈 — 하
1개 밖에 없는 숫자는 공통

● 배색천 재단 방법 ●

뒤안단   앞안단
접힘 1.5   ↑(겉)   1.5 접힘
20
cm
소맷부리안단 1
└─── 110cm 폭 ───┘

● 겉감 재단 방법 ●

접힘   접힘
1   1.5   1.5
1   1
1.5 1.5
뒤   앞
60
cm
70
cm
70
cm
80
cm
1.5   ↑(겉)   1.5
7   7
└──── 160cm 폭 ────┘

● 제도 ●

재료 ● ● ● ● ● ● ● ● ● ●
겉감 (스트라이프 니트) 160cm폭
60cm **70cm 70cm** 80cm
배색천(코튼리넨) 110cm폭 20cm
굵기 0.4cm 의 장식끈 10cm
단추지름 1 cm 1개
● 완성치수
(전체길이) 37cm **40cm 43cm** 46cm
(소매길이) 32cm **35cm 40cm** 44cm
(가슴둘레) 67cm **70cm 72cm** 80cm

⬭ 의 부분은 실물 크기의 패턴을 사용합니다.

1
고리
1   1.7

배색천

고리의 굵기 (장식끈) = 0.4

단추 지름 = 1

앞안단 (배색천)

0.1
0.1   0.5   0.1
배색천   0.1   0.5
0.1
뒤안단 (배색천)
↕ 뒤
뒷중심선 접힘

↕ 앞
앞중심선 접힘

3   3

11   11   11   11
14.5 14.5 14.5 14.5
18   18   18   18
21.5 21.5 21.5 21.5

뒤   앞
↕ 소매
틈임끝점   소맷부리안단 (배색천)   틈임끝점
0.5
배색천
0.2
배색천

64페이지 **107**
실물 크기의 패턴은 **C**면 106번을 베끼고, 제도를 보며 수정합니다.
※패턴·제도에 시접은 포함되어 있지 않습니다.

⑥ 밑단을 봉합한다.

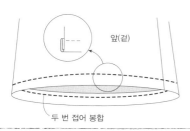

앞(겉)
두 번 접어 봉합

⑦ 단추를 단다.

뒤안단(겉)
단추를 단다
뒤(겉)
앞(겉)

사이즈 표시
No.13—상
No.12—하
1개 밖에 없는 숫자는 공통

7페이지 12·13

실물 크기의 패턴은 들어있지 않습니다.

※제도에 시접은 포함되어 있지 않습니다.
전부 1cm의 시접을 붙입니다.

재료

겉감(스트라이프 니트)
20cm 폭 10cm　**35cm 폭 15cm**
배색천A(스퀘어)
10cm 폭 10cm　**20cm 폭 15cm**
배색천B(데님)
10cm 폭 10cm　**20cm 폭 15cm**
0.5cm 폭의 고무밴드
15cm　**20cm**

No.12.13의 만드는 방법은 81페이지 참조

슈슈 ● 제도 ●

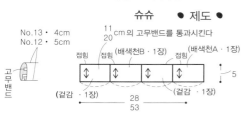

No.13 · 4cm
No.12 · 5cm

$\frac{11}{20}$ cm의 고무밴드를 통과시킨다

고무밴드
접힘　접힘 (배색천B·1장)　접힘 (배색천A·1장)
(겉감·1장)　(겉감·1장)
28 / 53
5

③ 소매를 단다.

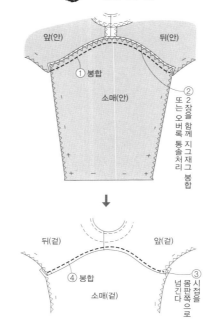

앞(안)　뒤(안)
① 봉합
소매(안)
② 또는 2장을 함께 오버록 통솔 지그재그 봉합 처리

뒤(겉)　앞(겉)
④ 봉합
소매(겉)
③ 시접을 몸판 접쪽으로 넘긴다

④ 소매아래선부터 이어서 옆선을 봉합한다.

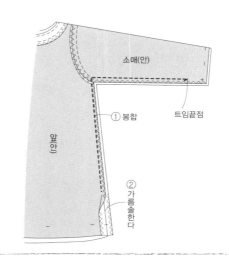

소매(안)
① 봉합
트임끝점
앞(안)
② 가름솔을 한다

⑤ 소맷부리안단을 만들어 단다.

① 접는다
② 봉합
트임끝점
소맷부리안단(안)
소매(겉)
소맷부리안단(안)
시접을부터
③ 봉합
시접을 반대편 쪽으로 넘겨 시접이 보이지 않게 봉합한다
④ 반대편도 같은 모양으로 봉합
트임끝까지
소매(겉)
넘긴다 반대편으로 시접을
⑤ 가름솔을 한다
소매(겉)
트임끝점
소맷부리안단(안)
⑥ 소맷부리안단을 소매의 안쪽으로 넘긴다
소매(안)
소매(겉)
소매안단
⑦ 봉합

106·107의 만드는 방법

봉합의 시작과 끝은 되돌아박기를 하세요.

● 봉합 시작 전에 ●
옆·어깨·소매아래·안단의 끝에 지그재그 봉제 또는 오버록 처리를 합니다.

① 어깨선을 봉합한다.

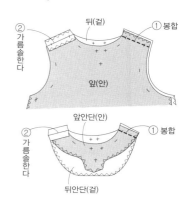

② 가름솔을 한다
뒤(겉)
① 봉합
앞(안)
앞안단(안)
① 봉합
뒤안단(겉)

② 안단을 단다.

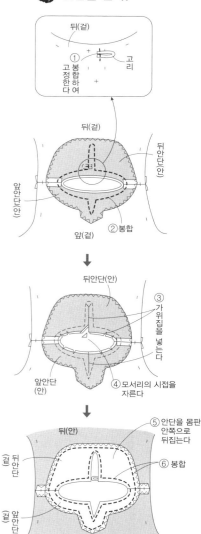

뒤(겉)
① 고정한다
고리
고정한다 봉합하여
뒤(겉)
뒤안단(안)
앞안단(안)
앞안단(안)
앞(겉)
② 봉합

뒤안단(안)
③ 가위집을 넣는다
④ 모서리의 시접을 자른다
앞안단(안)

뒤(안)
⑤ 안단을 몸판 안쪽으로 뒤집는다
⑥ 봉합
뒤안단(겉)
앞안단(겉)
앞(안)

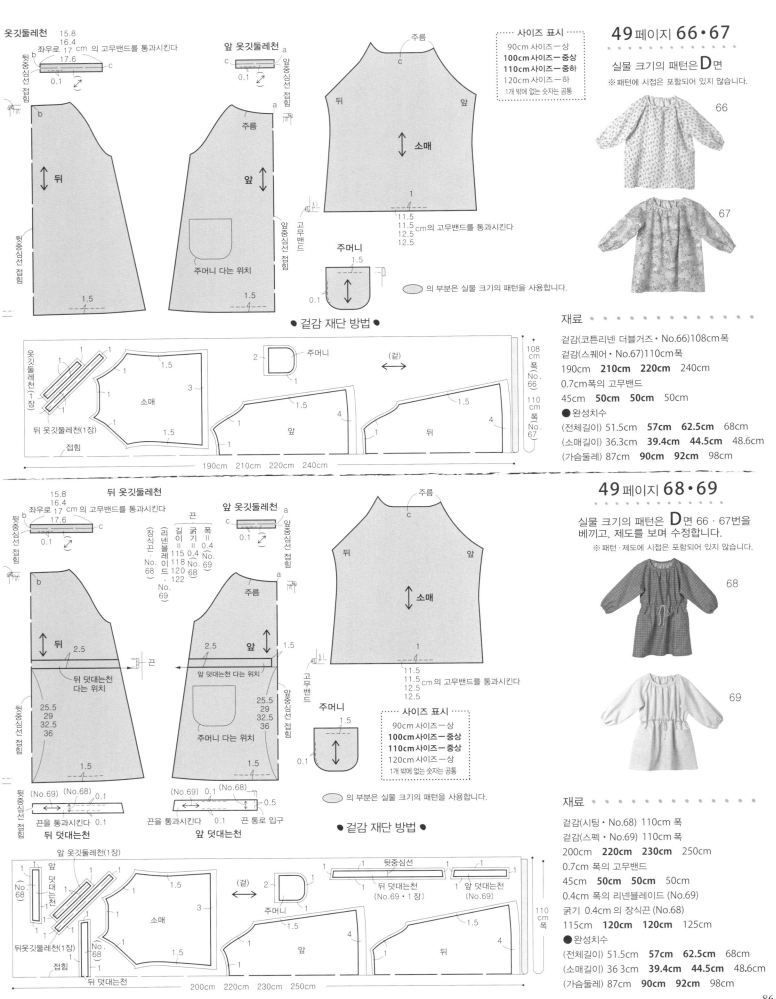

옷깃둘레천
15.8
16.4
좌우로 17 cm 의 고무밴드를 통과시킨다
17.6
0.1
뒷중심선 접힘
b

앞 옷깃둘레천
c 앞중심선 접힘
0.1
a

뒤

뒷중심선 접힘

1.5
1.5
1.5

주름
c
뒤 **앞**
소매
1
11.5
4
11.5 cm의 고무밴드를 통과시킨다
12.5
12.5
고무밴드

주머니
1.5
0.1

◦◦◦ 사이즈 표시 ◦◦◦
90cm 사이즈—상
100cm 사이즈—중상
110cm 사이즈—중하
120cm 사이즈—하
1개 밖에 없는 숫자는 공통

49 페이지 **66·67**

실물 크기의 패턴은 **D**면
※ 패턴에 시접은 포함되어 있지 않습니다.

66

67

재료
겉감(코튼리넨 더블거즈·No.66)108cm폭
겉감(스퀘어·No.67)110cm폭
190cm **210cm** **220cm** 240cm
0.7cm폭의 고무밴드
45cm **50cm** **50cm** 50cm
●완성치수
(전체길이) 51.5cm **57cm** **62.5cm** 68cm
(소매길이) 36.3cm **39.4cm** **44.5cm** 48.6cm
(가슴둘레) 87cm **90cm** **92cm** 98cm

앞중심선 접힘

앞중심선 접힘

● 겉감 재단 방법 ●

옷깃둘레천(1장)
뒤 옷깃둘레천(1장)
접힘
1 1 1
1.5
소매
3
1
1.5
1.5
2 주머니
(겉)
1.5
1.5
1
4
앞
뒤
4
108cm 폭 No.66
110cm 폭 No.67
—————— 190cm 210cm 220cm 240cm ——————

뒤 옷깃둘레천
15.8
16.4
좌우로 17 cm 의 고무밴드를 통과시킨다
17.6
0.1
뒷중심선 접힘
b

끈
(장식끈·No.68)(리넨블레이드·No.69)

	길이=	굵기=	폭=
	115	0.4	0.4
	118		
	120	No.68	No.68
	122		·No.69

앞 옷깃둘레천
c 앞중심선 접힘
0.1
a

뒤
2.5
끈
뒤 덧대는천 다는 위치
25.5
29
32.5
36
1.5

뒷중심선 접힘

앞
2.5
1.5
앞 덧대는천 다는 위치
25.5
29
32.5
36
주머니 다는 위치
1.5
앞중심선 접힘

주름
c
뒤 **앞**
소매
1
11.5
4
11.5 cm의 고무밴드를 통과시킨다
12.5
12.5
고무밴드

주머니
1.5
0.1

◦◦◦ 사이즈 표시 ◦◦◦
90cm 사이즈—상
100cm 사이즈—중상
110cm 사이즈—중상
120cm 사이즈—상
1개 밖에 없는 숫자는 공통

의 부분은 실물 크기의 패턴을 사용합니다.

49 페이지 **68·69**

실물 크기의 패턴은 **D**면 66·67번을 베끼고, 제도를 보며 수정합니다.
※ 패턴·제도에 시접은 포함되어 있지 않습니다.

68

69

재료
겉감(시팅·No.68) 110cm 폭
겉감(스펙·No.69) 110cm 폭
200cm **220cm** **230cm** 250cm
0.7cm 폭의 고무밴드
45cm **50cm** **50cm** 50cm
0.4cm 폭의 리넨블레이드 (No.69)
굵기 0.4cm 의 장식끈 (No.68)
115cm **120cm** **120cm** 125cm
●완성치수
(전체길이) 51.5cm **57cm** **62.5cm** 68cm
(소매길이) 36.3cm **39.4cm** **44.5cm** 48.6cm
(가슴둘레) 87cm **90cm** **92cm** 98cm

(No.69) (No.68) 0.1
뒷중심선 접힘
끈을 통과시킨다 0.1
뒤 덧대는천

(No.69) 0.1 (No.68)
0.5
끈을 통과시킨다 0.1 끈 통로 입구
앞 덧대는천

의 부분은 실물 크기의 패턴을 사용합니다.

● 겉감 재단 방법 ●

앞 옷깃둘레천(1장)
No.68 앞 덧대는천
뒤옷깃둘레천(1장)
No.68
접힘
1 1
1.5
소매
3
1
1.5
1.5
(겉)
주머니
뒷중심선
뒤 덧대는천 (No.69·1장)
앞 덧대는천 (No.69)
1 1
1.5
1.5
1
4
앞
뒤
4
110cm 폭
뒤 덧대는천
—————— 200cm 220cm 230cm 250cm ——————

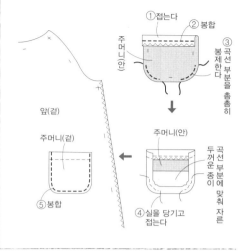

❽ 옷깃둘레천을 달고 고무밴드를 통과시킨다.

① 봉합
뒤(안)
C
뒤옷깃둘레천(안)
C
소매(겉)
앞(겉)
앞옷깃둘레천(안)

뒤옷깃둘레천(겉)
뒤(안)
C
C
③ 봉합
앞(겉)
앞옷깃둘레천(겉)

② 옷깃둘레천으로 시접을 감싼다
1cm
1.2cm
겉

뒤옷깃둘레천(겉)
뒤(안)
C
C
소매(안)
④ 뒤로 고무밴드를 통과시킨다
소매(안)
앞(안)

⑦ 마츨
⑤ 봉합하여 고정한다
소매(안)
고무밴드
⑥ 안으로 넣는다

❾ 밑단을 봉합한다.

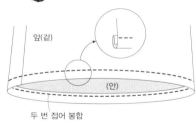

앞(겉)
(안)
두 번 접어 봉합

❿ 고무밴드·끈(No.68·69)을 통과시킨다.

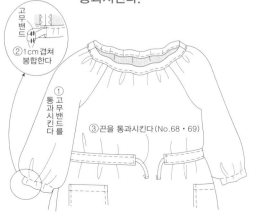

고무밴드
② 1cm 겹쳐 봉합한다
① 고무밴드를 통과시킨다
③ 끈을 통과시킨다(No.68·69)

---

❹ 소매를 만든다.

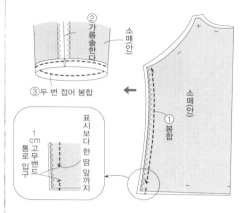

② 가름솔한다
소매(안)
③ 두 번 접어 봉합
소매(안)
① 봉합

1cm 고무밴드 입구
표시보다 한 땀 앞까지
통로 고무밴드 입구

❺ 소매를 단다.

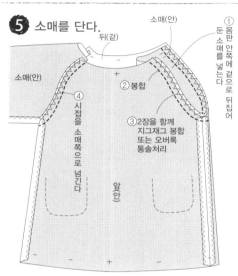

소매(안)
소매(안)
뒤(겉)
① 둔 소매를 넣는다
몸판 안쪽에 겉으로 뒤집어
② 봉합
④ 시접을 소매쪽으로 넘긴다
③ 2장을 함께 지그재그 봉합 또는 오버록 통솔처리
앞(안)

❻ 앞쪽의 옷깃둘레에 주름을 잡는다.

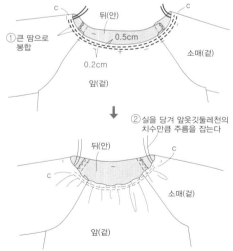

뒤(안)
C
C
① 큰 땀으로 봉합
0.5cm
0.2cm
소매(겉)
앞(겉)

② 실을 당겨 앞옷깃둘레천의 치수만큼 주름을 잡는다
뒤(안)
C
C
소매(겉)
앞(겉)

❼ 옷깃둘레천을 만든다.

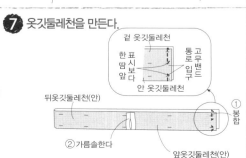

겉 옷깃둘레천
한 땀 표시보다 앞
통로 고무밴드 입구
안 옷깃둘레천

뒤옷깃둘레천(안)
① 봉합
② 가름솔한다
앞옷깃둘레천(안)

66~69의 만드는 방법

봉합의 시작과 끝은 되돌아박기를 하세요.

● 봉합 시작 전에 ●

옆·소매 아래·주머니 입술의 원단 끝에 지그재그 봉제 또는 오버록 처리를 합니다.

❶ 주머니를 만들어 단다.

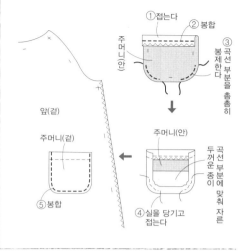

① 접는다
② 봉합
주머니(안)
③ 봉제한다
곡선 부분을 촘촘히

앞(겉)
주머니(겉)
⑤ 봉합
④ 실을 당기고 접는다
주머니(안)
곡선 부분에 맞춰 자른
두꺼운 종이

❷ 옆선을 봉합한다.

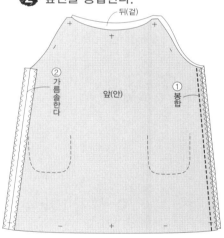

뒤(겉)
② 가름솔한다
앞(안)
① 봉합

❸ 덧대는천을 만들어 단다. (No.68·69)

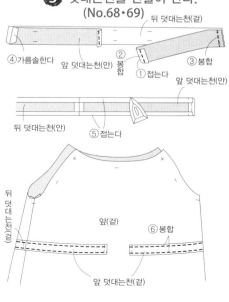

뒤 덧대는천(겉)
④ 가름솔한다
앞 덧대는천(안)
② 봉합
① 접는다
③ 봉합
앞 덧대는천(안)

뒤 덧대는천(안)
⑤ 접는다

뒤 덧대는천(겉)
앞(겉)
⑥ 봉합
앞 덧대는천(겉)

● 제도 ●

(No.70・71)
소매
(No.70・원단의 안쪽면 사용)
뒤
0.1 0.7
0.1
(No.71)
덧대는천
(No.71・108・배색천)

(No.70・71)
(No.72)
(No.108)
(No.71 ・ 레이스 배색천)

(No.108)
배색천
0.5
1.5
후드
(No.108 의 안후드・배색천)
(No.71・배색천)
b
a

색천(No 70~72)
(No.108)
b 1
0.1
바이어스테이프
뒤요크
0.1
뒤
(No.70원단의 안쪽면 사용)
1.5
뒷중심선 접힘
주머니다는 위치

(No.108・배색천)
앞요크
심지 배색천 (No.108)
No. 108 배색천
1
a
1.2
0.1 0.5
앞
(No.70・원단의 안쪽면 사용)
1.5

단추 지름
∥ 1
6
6.5
7
7.5
단추 지름=1.8

주머니
(No.70・원단의 안쪽면 사용)
1.5

안단 (No.71・108・배색천)

◯ 의 부분은 실물 크기의 패턴을 사용합니다.

재료

50 페이지 70〜72
65 페이지108

실물 크기의 패턴은 A면
※패턴에 시접은 포함되어 있지 않습니다.

겉감(리버시블 니트・No.70)155cm 폭
90cm **100cm 100cm** 110cm
겉감(모리 크로스・No.71)110cm 폭
100cm **110cm 110cm** 120cm
겉감(코튼리넨・No.72)110cm폭
120cm **120cm 130cm** 140cm
겉감(코튼패치・No.108)110cm 폭
90cm **100cm 100cm** 120cm
배색천(데님 스트라이프・No.71)110cm 폭
40cm **40cm 50cm** 50cm
배색천(데님・No.108)115cm 폭
60cm **70cm 70cm** 70cm
접착심 20cm 폭
40cm **40cm 50cm** 50cm
단추 지름 1.8cm 5개
1.8cm 폭의 토션레이스(No.72)
115cm **120cm 125cm** 125cm
1.27cm폭의 바이어스테이프(No.70~72)
35cm **35cm 40cm** 40cm
●완성치수
(전체길이) 39cm **42cm 45cm** 48cm
(소매길이) 32.5cm **35.5cm 40.5cm** 44.5cm
(가슴둘레) 67cm **70cm 72cm** 80cm

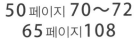
 70
 71
 72
 108

┈ 사이즈 표시 ┈
90cm 사이즈 — 상
100cm 사이즈 — 중상
110cm 사이즈 — 중하
120cm 사이즈 — 하
1개 밖에 없는 숫자는 공통

No. 108 배색천 재단 방법

60cm 70cm 70cm 70cm

접힘 (겉)
안후드 1
안단
1.5 1.5 덧대는천 1
뒤요크 1 앞요크 1
1
115cm 폭

● No.70 겉감 재단 방법 ●

90cm 100cm 100cm 110cm

접힘
1.5 소매 1.5 (겉)
후드 4 1
뒤요크 1 덧대는천 1.5
2 앞요크 1
뒤 1.5 주머니 안단선 4
앞 안단선 4
155cm 폭

No. 71・72 겉감 재단 방법

120cm 120cm 130cm 140cm 100cm 110cm 110cm 120cm

접힘 (겉)
덧대는천 (No.72) 1.5 1.5 No.72 후드 4 1
1.5 소매 1.5 안단 No.72 1.5
뒤요크 1 2 앞요크 1
뒤 4 주머니 1.5 앞 안단선 1.5

110cm 폭

●No.108 겉감 재단 방법●

90cm 100cm 100cm 120cm

접힘 (겉)
겉후드 1 1
1.5 소매 1.5 2 주머니
뒤 4 앞 안단선 1.5

110cm 폭

● No.71 배색천 재단 방법 ●

40cm 40cm 50cm 50cm

(겉)
접힘 후드 4 안단 1
덧대는천 1.5 1.5
110cm 폭

70〜72・108의 만드는 방법

봉합의 시작과 끝은 되돌아박기를 하세요.

● 봉합 시작 전에 ●
①접착심을 붙인다.
②옆・주머니 입술・소매 아래의 원단 끝에 지그재그 봉제 또는 오버록 처리를 합니다.

② 옆선을 봉합한다.

뒤(겉)
② 가름솔한다
② 가름솔한다
① 봉합
앞(안)
① 봉합

① 요크를 단다.

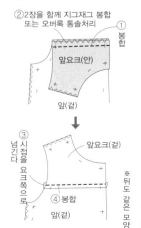

②2장을 함께 지그재그 봉합 또는 오버록 통솔처리
①봉합
앞요크(안)
앞(겉)
↓
③넘시접긴다요크쪽으로
④봉합
앞요크(겉)
앞(겉)
※뒤도 같은 모양

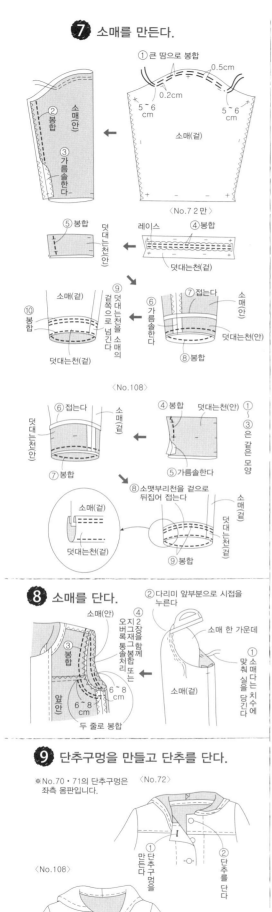

❼ 소매를 만든다.

① 큰 땀으로 봉합
0.5cm
0.2cm
5~6cm
② 소매(안) 봉합
③ 가름솔한다
소매(겉)
〈No.7 2 만〉
← (화살표)

⑤ 봉합
레이스
④ 봉합
덧대는천(안)
덧대는천(겉)

⑨ 소매(겉)
⑩ 봉합
덧대는천(겉)을 소매의 겉쪽으로 넘긴다
소매(안)
⑦ 접는다
⑥ 가름솔한다
덧대는천(안)
⑧ 봉합
〈No.108〉

⑥ 접는다
소매(겉)
④ 봉합
덧대는천(안)
①
③은 같은 모양
⑤ 가름솔한다
덧대는천(안)
⑦ 봉합
⑧ 소맷부리천을 겉으로 뒤집어 접는다
소매(겉)
덧대는천(겉)
⑨ 봉합
덧대는천(겉)

❽ 소매를 단다.

소매(안)
② 다리미 앞부분으로 시접을 누른다
④ 오지 2 그장재을 통솔처리 또는 오버록함께 봉합
③ 봉합
소매 한 가운데
① 맞춰 실을 당긴다
소매다는 치수에
소매(겉)
앞(안)
6~8cm
6~8cm
두 줄로 봉합

❾ 단추구멍을 만들고 단추를 단다.

※No.70·71의 단추구멍은 좌측 몸판입니다.
〈No.72〉
〈No.108〉
① 단추구멍을 만든다
② 단추를 단다

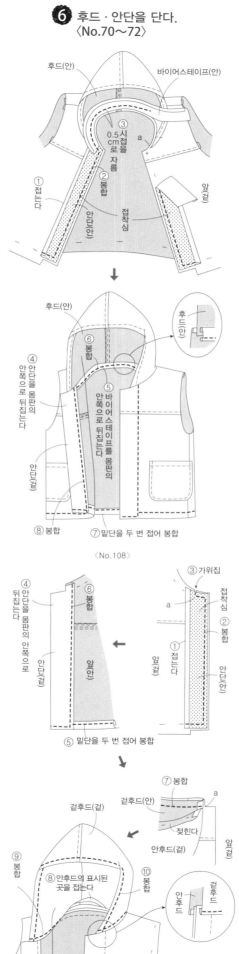

❻ 후드·안단을 단다.
〈No.70~72〉

후드(안)
바이어스테이프(안)
③ 0.5cm 시접을 자름
② 봉합
① 접는다
안단(안)
a
접착심
앞(겉)

⑥ 봉합
후드(안)
후드(안)
④ 안단을 몸판의 안쪽으로 뒤집는다
⑤ 바이어스테이프를 몸판의 안쪽으로 뒤집는다
안단(겉)
⑧ 봉합
⑦ 밑단을 두 번 접어 봉합
〈No.108〉

④ 뒤집는다
⑥ 봉합
③ 가위집
접착심
a
② 봉합
안단(겉)
① 접는다
앞(안)
앞(겉)
안단(안)
④ 안단을 몸판의 안쪽으로
⑤ 밑단을 두 번 접어 봉합

⑦ 봉합
겉후드(안)
a
겉후드(겉)
젖힌다
안후드(겉)
앞(겉)
⑨ 봉합
⑧ 안후드의 표시된 곳을 접는다
⑩ 봉합
안후드
겉후드

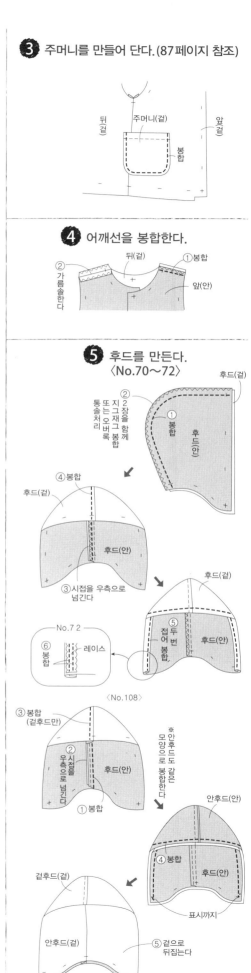

❸ 주머니를 만들어 단다. (87페이지 참조)

뒤(겉)
주머니(겉)
앞(겉)
봉합

❹ 어깨선을 봉합한다.

뒤(겉)
② 가름솔한다
① 봉합
앞(안)

❺ 후드를 만든다.
〈No.70~72〉

후드(겉)
② 통솔처리 또는 오지 2 그장을 함께 오버록 봉합
① 봉합
후드(안)

④ 봉합
후드(겉)
후드(안)
③ 시접을 우측으로 넘긴다

후드(겉)
⑤ 두 번 접어 봉합
후드(안)
No.7 2
⑥ 봉합
레이스
〈No.108〉

③ 봉합 (겉후드만)
② 시접을 우측으로 넘긴다
후드(안)
① 봉합
※안후드도 같은 모양으로 봉합한다
안후드(안)
④ 봉합
후드(안)
겉후드(겉)
⑤ 겉으로 뒤집는다
안후드(겉)
표시까지

● 겉감 재단 방법 ●

112cm 폭 (No.62)
110cm 폭 (No.63)

우측 앞팬츠
좌측 앞팬츠
스커트 접힘
스커트 접힘
뒤팬츠 접힘
허리벨트
프릴
프릴

10cm 20cm 30cm 40cm

112cm 폭 (No.62)
110cm 폭 (No.63)

바지가랑이선

의 부분은 실물 크기의 패턴을 사용합니다

원단을 자르고 다시 접는다

36
39
41
전체에 43 cm의 고무밴드를 통과시킨다
우측옆선 접힘
좌측옆선 접힘
허리벨트
0.1

● 완성치수
(전체길이)
26.9 cm
29.9 cm
32.5 cm
35.5 cm

고무밴드

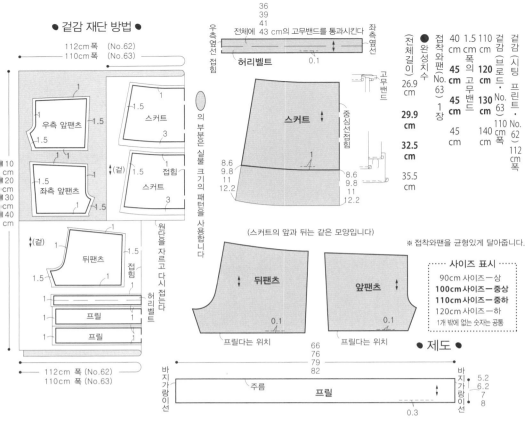

스커트
중심선접힘
8.6 9.8 11 12.2
8.6 9.8 11 12.2
1

(스커트의 앞과 뒤는 같은 모양입니다)

뒤팬츠
0.1
프릴다는 위치
66 76 79 82

앞팬츠
0.1
프릴다는 위치

※ 접착와팬을 균형있게 달아줍니다.

┌─ 사이즈 표시 ─┐
90cm 사이즈 ─ 상
100cm 사이즈 ─ 중상
110cm 사이즈 ─ 중하
120cm 사이즈 ─ 하
1개 밖에 없는 숫자는 공통
└──────────┘

● 제도 ●

바지가랑이선
주름 프릴
0.3
바지가랑이선
5.2 6.2 7 8

재료
겉감 (시팅·프린트·브로드·No.63)
접착와팬 (No.63) 1장
겉감의 고무밴드

40cm 1.5cm 110cm폭
45cm 120cm
45cm 130cm
45cm 140cm

겉감 (브로드·No.63) 110cm폭 · No.62 112cm폭

팬츠의 실물 크기 패턴은 D면

스커트·허리벨트의

실물 크기의 패턴은 D면 58·59를 베껴,

제도를 보며 수정합니다.

※ 패턴·제도에 시접은 포함되어 있지 않습니다.

62

63

62·63의 만드는 방법

봉합의 시작과 끝은 되돌아박기를 하세요.

● 봉합 시작 전에 ●

옆·밑아래선·바지가랑이선의 원단 끝에 지그재그 봉제 또는 오버록 처리를 합니다.

---

⑥ 밑아래선을 봉합한다.

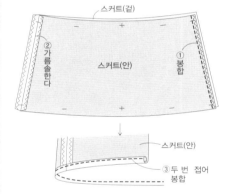

우측팬츠(겉)
① 안쪽으로 뒤집어 넣는다
좌측팬츠(안)
② 겉과 안을 뒤집어 봉은 우측 팬츠에
집어넣는다
우측팬츠(안)
좌측팬츠(안)
③ 가름솔을 한다
② 두 줄 봉합

⑦ 팬츠와 스커트를 합친다.

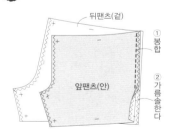

0.8cm
2장 함께 봉합
스커트(겉)
팬츠(겉)

⑧ 허리벨트를 달고 고무밴드를 통과시킨다.
(91페이지 참조)

---

④ 프릴을 단다.

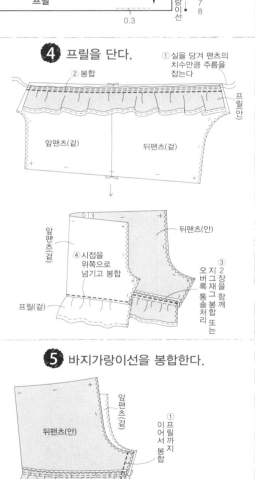

② 봉합
① 실을 당겨 팬츠의 치수만큼 주름을 잡는다
앞팬츠(겉)
뒤팬츠(겉)
프릴(안)

앞팬츠(겉)
뒤팬츠(안)
④ 시접을 위쪽으로 넘기고 봉합
프릴(겉)
③ 2장을 함께 지그재그 통솔 봉합 처리 또는 오버록 통솔 봉합 처리

⑤ 바지가랑이선을 봉합한다.

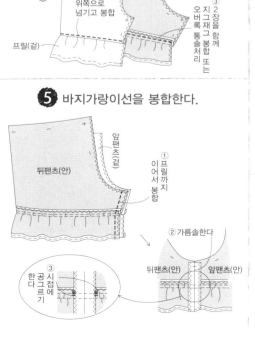

뒤팬츠(안)
앞팬츠(겉)
① 프릴까지 이어서 봉합

② 가름솔한다

뒤팬츠(안)
앞팬츠(안)

③ 한 공 시접 다그르 접어 기

---

① 스커트를 만든다.

스커트(겉)
② 가름솔 한다
스커트(안)
① 봉합

스커트(안)
③ 두 번 접어 봉합

② 팬츠의 옆선을 봉합한다.

뒤팬츠(겉)
① 봉합
앞팬츠(안)
② 가름솔을 한다

③ 프릴을 만든다.

0.5cm
프릴(안)
0.2cm
② 큰 땀으로 봉합
프릴(겉)
① 두 번 접어 봉합

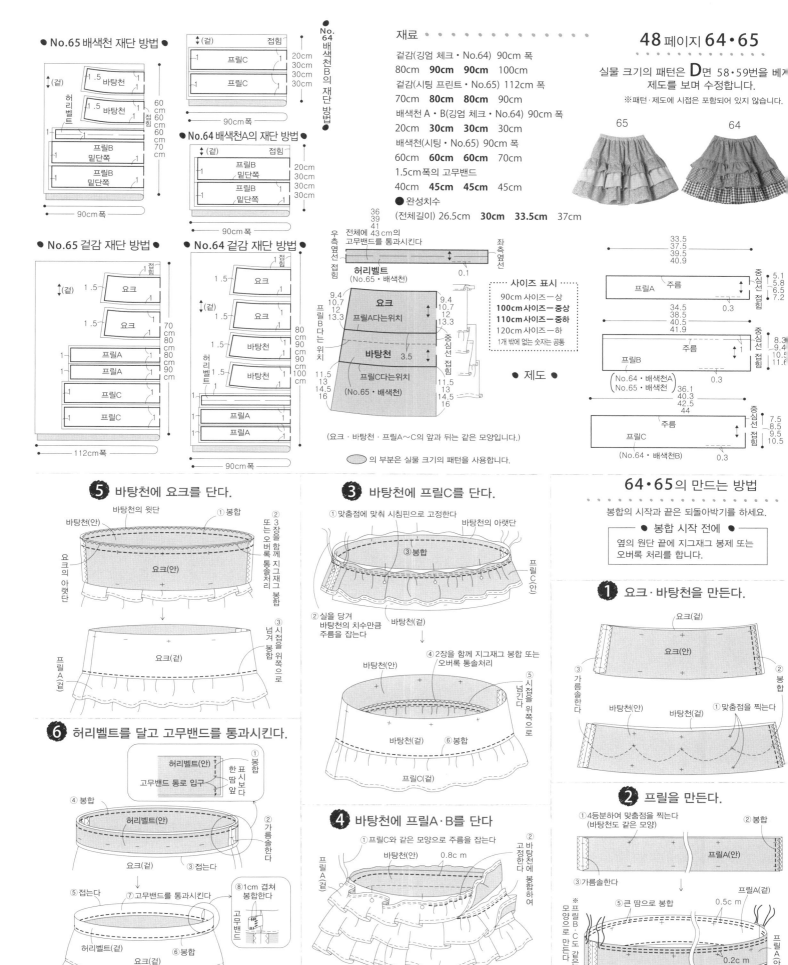

● No.65 배색천 재단 방법 ●

● No.64 배색천A의 재단 방법 ●

● No.64 배색천B의 재단 방법

● No.65 겉감 재단 방법 ●

● No.64 겉감 재단 방법 ●

재료 • • • • • • • • • • • •

겉감(깅엄 체크 · No.64) 90cm 폭
80cm **90cm 90cm** 100cm

겉감(시팅 프린트 · No.65) 112cm 폭
70cm **80cm 80cm** 90cm

배색천 A · B(깅엄 체크 · No.64) 90cm 폭
20cm **30cm 30cm** 30cm

배색천(시팅 · No.65) 90cm 폭
60cm **60cm 60cm** 70cm

1.5cm폭의 고무밴드
40cm **45cm 45cm** 45cm

● 완성치수
(전체길이) 26.5cm **30cm 33.5cm** 37cm

48 페이지 64·65

실물 크기의 패턴은 D면 58·59번을 베껴 제도를 보며 수정합니다.

※패턴·제도에 시접은 포함되어 있지 않습니다.

65   64

…… 사이즈 표시 ……
90cm 사이즈—상
100cm 사이즈—중상
110cm 사이즈—중하
120cm 사이즈—하
1개 밖에 없는 숫자는 공통

허리벨트 (No.65·배색천)
전체에 43cm의 고무밴드를 통과시킨다

요크
프릴A다는위치

바탕천 3.5
프릴C다는위치
(No.65·배색천)

(요크 · 바탕천 · 프릴A~C의 앞과 뒤는 같은 모양입니다.)

● 제도 ●

의 부분은 실물 크기의 패턴을 사용합니다.

프릴A 주름

프릴B 주름
(No.64·배색천A
 No.65·배색천)

프릴C 주름
(No.64·배색천B)

64·65의 만드는 방법

봉합의 시작과 끝은 되돌아박기를 하세요.

● 봉합 시작 전에 ●
옆의 원단 끝에 지그재그 봉제 또는 오버록 처리를 합니다.

❶ 요크 · 바탕천을 만든다.

요크(겉) 요크(안)

바탕천(안) 바탕천(겉)
①맞춤점을 찍는다

❷ 프릴을 만든다.

①4등분하여 맞춤점을 찍는다 (바탕천도 같은 모양)
②봉합
프릴A(안)
③가름솔한다
④두 번 접어 봉합
⑤큰 땀으로 봉합
프릴A(겉)
프릴B · C도 같은 모양으로 만든다

❺ 바탕천에 요크를 단다.

바탕천의 윗단 ①봉합
요크의 아랫단 요크(안)
요크(안) 바탕천(안)
②또는 3장을 함께 오버록 통솔처리 지그재그 봉합
③넘겨 시접을 위쪽으로 봉합
요크(겉)
프릴A(겉)

❻ 허리벨트를 달고 고무밴드를 통과시킨다.

허리벨트(안)
고무밴드 통로 입구
①봉합
한표 땀시보 다 앞
④봉합 허리벨트(안)
②가름솔한다
요크(겉) ③접는다
⑤접는다 ⑦고무밴드를 통과시킨다
허리벨트(겉) 요크(겉) ⑥봉합
⑧1cm 겹쳐 봉합한다
고무밴드

❸ 바탕천에 프릴C를 단다.

①맞춤점에 맞춰 시침핀으로 고정한다
바탕천의 아랫단
③봉합
②실을 당겨 바탕천의 치수만큼 주름을 잡는다
프릴C(안)
바탕천(겉)
바탕천(안)
④2장을 함께 지그재그 봉합 또는 오버록 통솔처리
⑤넘긴다 시접을 위쪽으로
바탕천(겉) ⑥봉합
프릴C(겉)

❹ 바탕천에 프릴A · B를 단다

①프릴C와 같은 모양으로 주름을 잡는다
바탕천(안) 0.8cm
②고 바정 탕 하 천 여 에 봉합하여
프릴A(겉)
바탕천(겉)
프릴B(겉) 프릴C(겉)

91

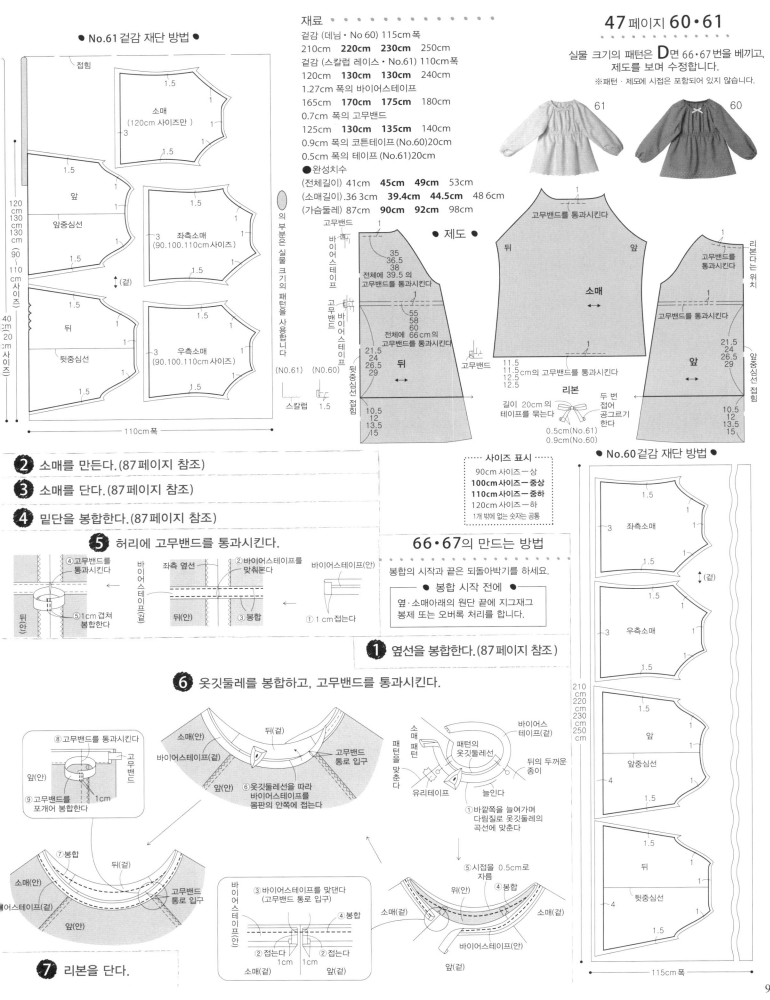

● No.61 겉감 재단 방법 ●

재료 ●
겉감 (데님·No 60) 115cm 폭
210cm **220cm** **230cm** 250cm
겉감 (스칼럽 레이스·No.61) 110cm폭
120cm **130cm** **130cm** 240cm
1.27cm 폭의 바이어스테이프
165cm **170cm** **175cm** 180cm
0.7cm 폭의 고무밴드
125cm **130cm** **135cm** 140cm
0.9cm 폭의 코튼테이프(No.60)20cm
0.5cm 폭의 테이프(No.61)20cm
● 완성치수
(전체길이) 41cm **45cm** **49cm** 53cm
(소매길이).36 3cm **39.4cm** **44.5cm** 48 6cm
(가슴둘레) 87cm **90cm** **92cm** 98cm

실물 크기의 패턴은 D면 66·67번을 베끼고,
제도를 보며 수정합니다.
※패턴·제도에 시접은 포함되어 있지 않습니다.

61   60

● 제도 ●

소매
120cm 사이즈만
앞
앞중심선
뒤
뒷중심선
좌측소매 (90.100.110cm 사이즈)
우측소매 (90.100.110cm 사이즈)

110cm폭

리본
길이 20cm 의 테이프를 묶는다
두 번 접어 공그르기 한다
0.5cm(No.61)
0.9cm(No.60)

사이즈 표시
90cm 사이즈—상
100cm 사이즈—중상
110cm 사이즈—중하
120cm 사이즈—하
1개 밖에 없는 숫자는 공통

② 소매를 만든다.(87페이지 참조)

③ 소매를 단다.(87페이지 참조)

④ 밑단을 봉합한다.(87페이지 참조)

⑤ 허리에 고무밴드를 통과시킨다.

66·67의 만드는 방법

봉합의 시작과 끝은 되돌아박기를 하세요.

● 봉합 시작 전에 ●
옆·소매아래의 원단 끝에 지그재그
봉제 또는 오버록 처리를 합니다.

① 옆선을 봉합한다.(87페이지 참조)

● No.60겉감 재단 방법 ●

좌측소매
우측소매
앞
앞중심선
뒤
뒷중심선
115cm 폭

⑥ 옷깃둘레를 봉합하고, 고무밴드를 통과시킨다.

⑦ 리본을 단다.

51 페이지 76·77

주머니의 실물 크기 패턴은 **C**면

주머니 이외의 실물 크기 패턴은

C면 26·27·29·30번을 베끼고

제도를 보며 수정합니다.

※ 제도·패턴에 시접은 포함되어 있지 않습니다.

재료 • • • • • •

겉감 (네오크리스·No.76) 107cm 폭

겉감 (코튼리넨·No.77) 110cm 폭

70cm **70cm 70cm** 80cm

2 cm 폭의 고무밴드 A

45cm **50cm 50cm** 55cm

0.7cm 폭의 고무밴드 B

100cm **105cm 110cm** 115cm

굵기 0.3cm 의 리넨끈 90cm

1.27cm 폭의 바이어스테이프

65cm **70cm 75cm** 75cm

● 완성치수

(전체길이) 21.3cm **22.9cm 24.5cm** 25.2cm

사이즈 표시 • • •

90cm 사이즈─상

100cm 사이즈─중상

110cm 사이즈─중하

120cm 사이즈─하

1개 밖에 없는 숫자는 공통

● 제도 ●

의 부분은 실물 크기의 패턴을 사용합니다.

76·77의 만드는 방법

봉합의 시작과 끝은 되돌아박기를 하세요.

● 봉합 시작 전에 ●

옆·밑아래선·바지가랑이선의 원단 끝에 지그재그 봉제 또는 오버록 처리를 합니다.

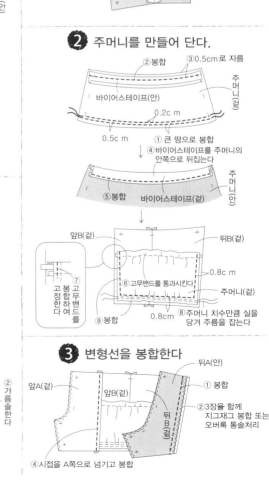

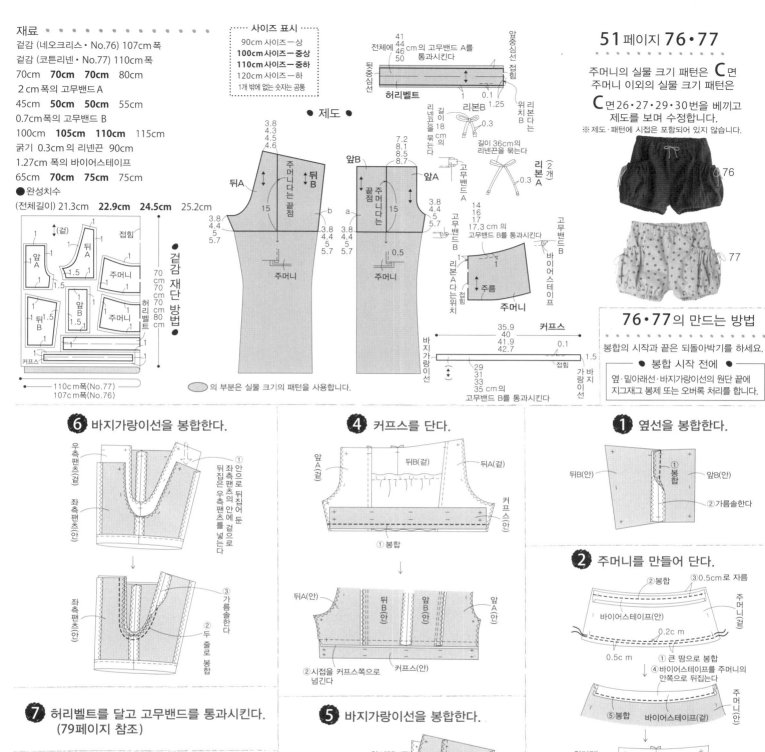

⑥ 바지가랑이선을 봉합한다.

④ 커프스를 단다.

① 옆선을 봉합한다.

⑦ 허리벨트를 달고 고무밴드를 통과시킨다.
(79페이지 참조)

⑤ 바지가랑이선을 봉합한다.

② 주머니를 만들어 단다.

③ 변형선을 봉합한다

⑧ 리본을 단다.

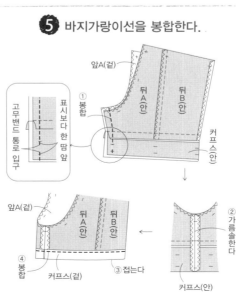

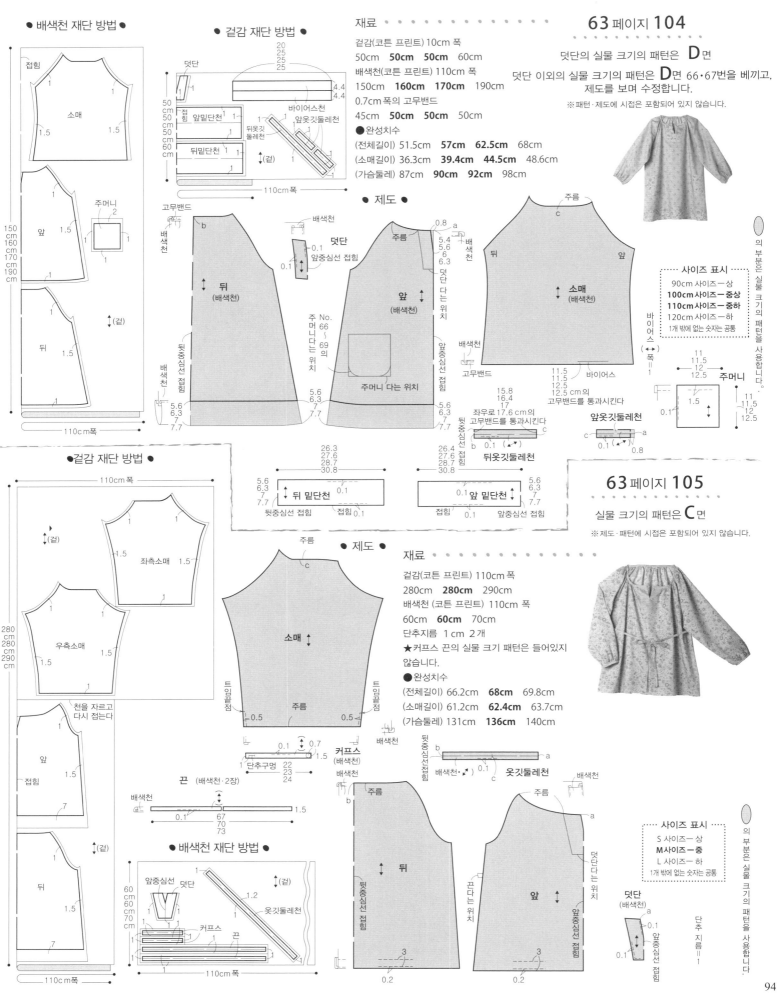

● 배색천 재단 방법 ●

접힘
1

소매

1.5   1.5

앞

1.5

주머니
2

150
160
170
190
cm

뒤

1.5

110cm폭

● 겉감 재단 방법 ●

20
25
25
25

덧단
1

접힘
1

앞밑단천 1

뒤밑단천 1

50
50
50
50
60
cm

바이어스천
앞옷깃둘레천
뒤옷깃둘레천

(겉)

110cm폭

재료

겉감(코튼 프린트) 10cm 폭
50cm **50cm** **50cm** 60cm
배색천(코튼 프린트) 110cm 폭
150cm **160cm** **170cm** 190cm
0.7cm 폭의 고무밴드
45cm **50cm** **50cm** 50cm
● 완성치수
(전체길이) 51.5cm **57cm** **62.5cm** 68cm
(소매길이) 36.3cm **39.4cm** **44.5cm** 48.6cm
(가슴둘레) 87cm **90cm** **92cm** 98cm

● 제도 ●

고무밴드
배색천

덧단
0.1
앞중심선 접힘
0.1

뒤
(배색천)

뒷중심선 접힘
배색천

5.6
6.3
7.7

주름
c

0.8 a
5.4
5.6
6.3

덧단다는 위치

앞
(배색천)

배색천

앞중심선 접힘

주머니 다는 위치

No.
66
~
69
의
주머니 다는 위치

5.6
6.3
7.7

5.6
6.3
7.7

주름
c

뒤

소매
(배색천)

배색천
고무밴드

11.5
11.5
12.5
12.5

바이어스

앞

15.8
16.4
17
좌우로 17.6 cm의
고무밴드를 통과시킨다

b 0.1 c
뒤옷깃둘레천

11.5
11.5
12.5
12.5 cm의
고무밴드를 통과시킨다

앞옷깃둘레천
c 0.1 a
0.8

63 페이지 104

덧단의 실물 크기의 패턴은 **D**면

덧단 이외의 실물 크기의 패턴은 **D**면 66·67번을 베끼고,
제도를 보며 수정합니다.

※ 패턴·제도에 시접은 포함되어 있지 않습니다.

사이즈 표시
90cm 사이즈—상
100cm 사이즈—중상
110cm 사이즈—중하
120cm 사이즈—하
1개 밖에 없는 숫자는 공통

바이어스 폭=1

11
11.5
12
12.5
주머니

1.5

0.1

11
11.5
12
12.5

의 부분은 실물 크기의 패턴을 사용합니다。

26.3
27.6
28.7
30.8

5.6
6.3
7.7

뒤 밑단천
0.1

뒷중심선 접힘   접힘 0.1

26.4
27.6
28.7
30.8

앞 밑단천
0.1

접힘   앞중심선 접힘 0.1

5.6
6.3
7.7

● 겉감 재단 방법 ●

110cm폭

(겉)

1.5

좌측소매 1.5

1

우측소매

1.5

1.5

1

280
280
290
cm

천을 자르고
다시 접는다

앞

접힘

7

뒤

1.5

7

(겉)

(겉)

110cm폭

● 제도 ●

주름
c

소매

트임끝점   트임끝점

0.5   주름   0.5

0.1   0.7
단추구멍 1.5

커프스
(배색천)

끈 (배색천·2장)

0.1
67
70
73

1.5

● 배색천 재단 방법 ●

앞중심선   덧단

커프스   끈

옷깃둘레천

1.2

60
60
70
cm

110cm 폭

재료

겉감(코튼 프린트) 110cm 폭
280cm **280cm** 290cm
배색천 (코튼 프린트) 110cm 폭
60cm **60cm** 70cm
단추지름 1 cm 2개
★커프스 끈의 실물 크기 패턴은 들어있지
않습니다.
● 완성치수
(전체길이) 66.2cm **68cm** 69.8cm
(소매길이) 61.2cm **62.4cm** 63.7cm
(가슴둘레) 131cm **136cm** 140cm

b   0.1   a
뒷중심선접힘
옷깃둘레천

주름
b

뒤

뒷중심선 접힘

3

0.2

주름

앞

끈다는 위치

덧단다는 위치

앞중심선 접힘

a

3

0.2

63 페이지 105

실물 크기의 패턴은 **C**면

※ 제도·패턴에 시접은 포함되어 있지 않습니다.

사이즈 표시
S 사이즈—상
M 사이즈—중
L 사이즈—하
1개 밖에 없는 숫자는 공통

덧단
(배색천)

a

0.1

앞중심선 접힘

단추지름=1

의 부분은 실물 크기의 패턴을 사용합니다。

94

⑥ 소매를 단다.

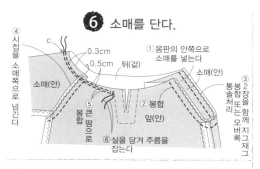

⑦ 옷깃둘레천을 달고 고무밴드를 통과시킨다.

※옷깃둘레천의 만드는 방법은 87페이지 참조

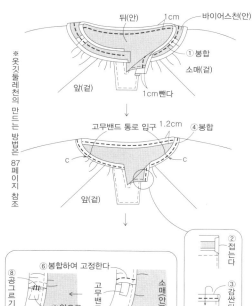

⑥ 소매를 단다.(윗그림 참조)

⑦ 옷깃둘레천을 단다.

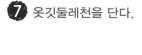

바이어스와 같은 모양으로 커프스 처리한다

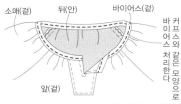

⑧ 단추구멍을 만들고, 단추를 단다.

④ 밑단천을 만들어 단다.

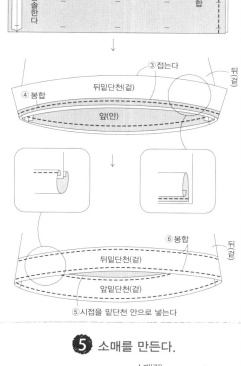

⑤ 소매를 만든다.

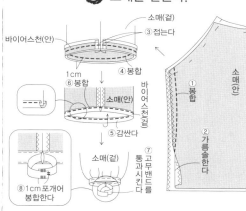

④ 밑단을 봉합한다.

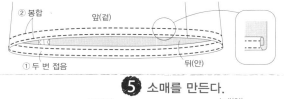

⑤ 소매를 만든다.

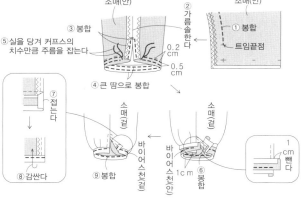

104의 만드는 방법

봉합의 시작과 끝은 되돌아박기를 하세요.

● 봉합 시작 전에 ●

옆·소매아래·주머니 입술의 원단 끝에 지그재그 봉제 또는 오버록 처리를 합니다.

① 덧단을 단다.

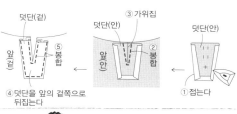

② 주머니를 만들어 단다.

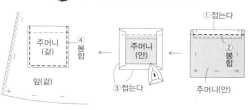

③ 옆선을 봉합한다.

105의 만드는 방법

봉합의 시작과 끝은 되돌아박기를 하세요.

● 봉합 시작 전에 ●

옆·소매아래의 원단 끝에 지그재그 봉제 또는 오버록 처리를 합니다.

① 덧단을 단다.(윗그림 참조)

② 끈을 만든다.

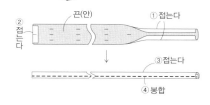

③ 끈을 끼우고 옆선을 봉합한다.(윗그림 참조)

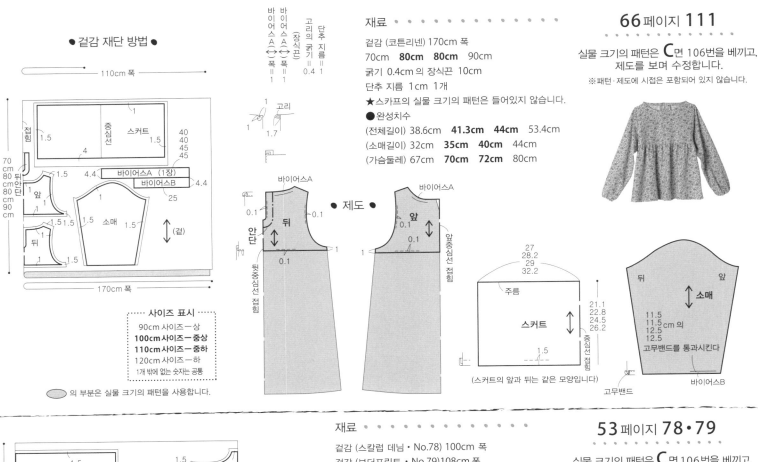

상단 영역

● 겉감 재단 방법 ●

110cm 폭

접힘 1.5 / 중심선 / 스커트 / 40 40 45 45 / 1 1.5 / 4

70cm 80cm 80cm 90cm / 뒤안단 / 앞 / 뒤

바이어스A (1장) 4.4 / 바이어스B 25 / 4.4

소매 1.5 / (겉)

170cm 폭

● 사이즈 표시 ●
90cm 사이즈 — 상
100cm 사이즈 — 중상
110cm 사이즈 — 중하
120cm 사이즈 — 하
1개 밖에 없는 숫자는 공통

⬭ 의 부분은 실물 크기의 패턴을 사용합니다.

바이어스A⟷폭=1 / 바이어스A⟷폭=1 / 바이어스A⟷폭=0.4 / 고리의 굵기(장식끈)=1 / 단추 지름=1

고리 1 / 1.7

재료
겉감 (코튼리넨) 170cm 폭
70cm **80cm** **80cm** 90cm
굵기 0.4cm 의 장식끈 10cm
단추 지름 1cm 1개
★스카프의 실물 크기의 패턴은 들어있지 않습니다.

● 완성치수
(전체길이) 38.6cm **41.3cm** **44cm** 53.4cm
(소매길이) 32cm **35cm** **40cm** 44cm
(가슴둘레) 67cm **70cm** **72cm** 80cm

● 제도 ●

바이어스A / 0.1 / 뒤 / 안단 / 0.1 / 0.1 / 뒷중심선 접힘

바이어스A / 앞 / 0.1 / 앞중심선 접힘

스커트 / 27 28.2 29 32.2 / 주름 / 21.1 22.8 24.5 26.2 / 중심선 접힘 / 1.5
(스커트의 앞과 뒤는 같은 모양입니다)

소매 / 뒤 앞 / 11.5 11.5cm 의 12.5 12.5 / 고무밴드를 통과시킨다 / 고무밴드 / 바이어스B

66 페이지 111

실물 크기의 패턴은 **C**면 106번을 베끼고, 제도를 보며 수정합니다.
※패턴·제도에 시접은 포함되어 있지 않습니다.

하단 영역

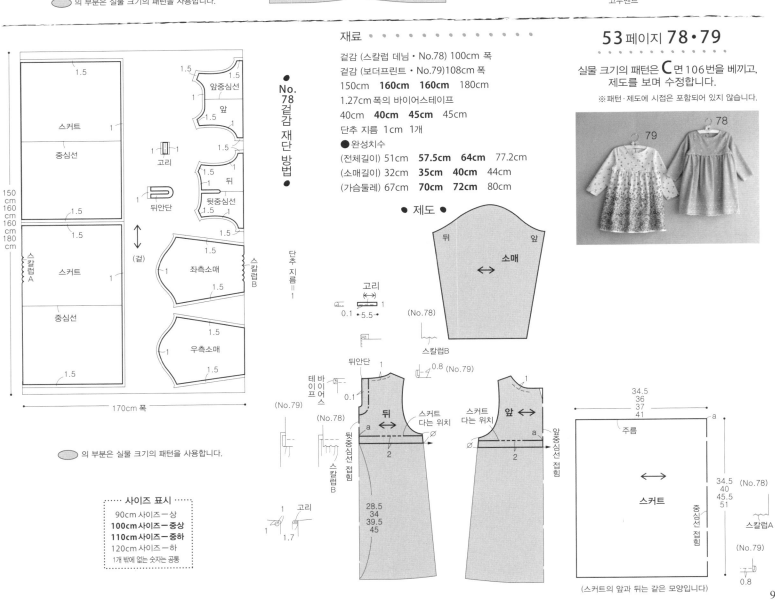

1.5 / 스커트 / 중심선 / 1.5 / 1

1.5 / 앞중심선 / 앞 / 1 1.5 / 고리 1 1 / 뒤안단 1 / 뒷중심선 / 뒤 / 1.5

150cm 160cm 160cm 180cm

스커트 / 중심선 / 1 / 스칼럽A / 스칼럽B / 좌측소매 1.5 / 1.5 / 우측소매 / 1.5 1.5 / (겉)

170cm 폭

● 사이즈 표시 ●
90cm 사이즈 — 상
100cm 사이즈 — 중상
110cm 사이즈 — 중하
120cm 사이즈 — 하
1개 밖에 없는 숫자는 공통

⬭ 의 부분은 실물 크기의 패턴을 사용합니다.

No. 78 겉감 재단 방법 / 단추 지름=1

재료
겉감 (스칼럽 데님 · No.78) 100cm 폭
겉감 (보더프린트 · No.79) 108cm 폭
150cm **160cm** **160cm** 180cm
1.27cm 폭의 바이어스테이프
40cm **40cm** **45cm** 45cm
단추 지름 1cm 1개

● 완성치수
(전체길이) 51cm **57.5cm** **64cm** 77.2cm
(소매길이) 32cm **35cm** **40cm** 44cm
(가슴둘레) 67cm **70cm** **72cm** 80cm

● 제도 ●

소매 / 뒤 앞

고리 / 0.1 · 5.5 / 1 / (No.78)
스칼럽B / 0.8 (No.79)

뒤안단 / 1 / 테이프바이어스 / 0.1 / (No.79) / (No.78) / 스칼럽B / 뒤 / 스커트 다는 위치 / a / 뒷중심선 접힘 / 2 / 28.5 34 39.5 45

스커트 다는 위치 / 앞 / a / 2 / 앞중심선 접힘

스커트 / 34.5 36 37 41 / 주름 / a / 34.5 40 45.5 51 (No.78) / 중심선 접힘 / 스칼럽A / (No.79) / 0.8
(스커트의 앞과 뒤는 같은 모양입니다)

53 페이지 78·79

실물 크기의 패턴은 **C**면 106번을 베끼고, 제도를 보며 수정합니다.
※패턴·제도에 시접은 포함되어 있지 않습니다.

79 / 78

78·79의 만드는 방법

봉합의 시작과 끝은 되돌아박기를 하세요.

● 봉합 시작 전에 ●

옆·어깨·소매아래·뒤안단의 원단 끝에 지그재그 봉제 또는 오버록 처리를 합니다.

1 뒤트임을 만든다.

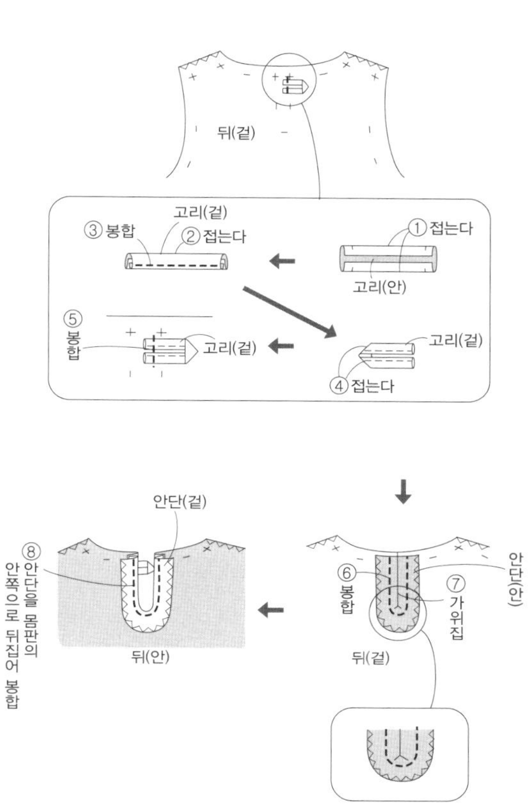

뒤(겉)
고리(겉)
③봉합
②접는다
①접는다
고리(안)
⑤봉합
고리(겉)
고리(겉)
④접는다
안단(겉)
⑧안단을 몸판의 안쪽으로 뒤집어 봉합
뒤(안)
안단(안)
⑥봉합
⑦가위집
뒤(겉)

● No.79 겉감 재단 방법 ●

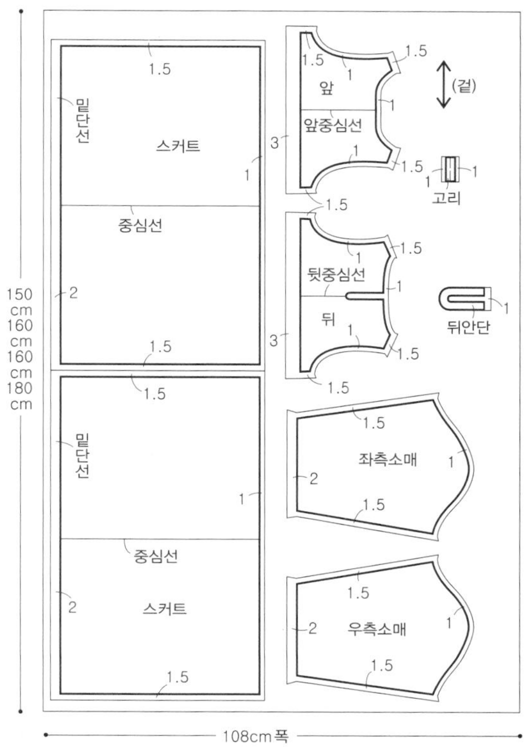

1.5
밑단선
스커트
3
1
중심선
150cm
160cm
160cm
180cm
2
1.5
1.5
밑단선
1
중심선
2
스커트
1.5
1.5
앞
1
1.5
1
앞중심선
1
1.5
(겉)
1
1
고리
1.5
1.5
1
뒷중심선
1
뒤
3
1
1.5
뒤안단
1
1.5
1.5
좌측소매
2
1
1.5
1.5
2
우측소매
1
1.5
108cm 폭

2 옆선을 봉합한다.

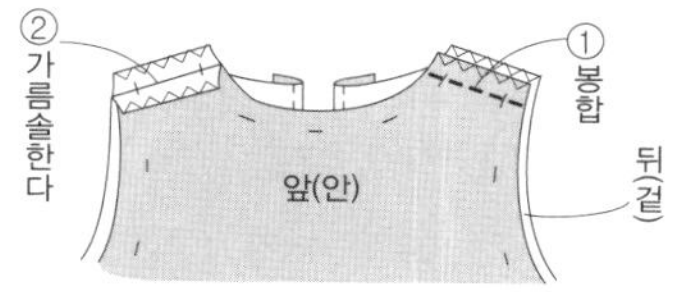

②가름솔한다
①봉합
앞(안)
뒤(겉)

3 옷깃둘레를 봉합한다.

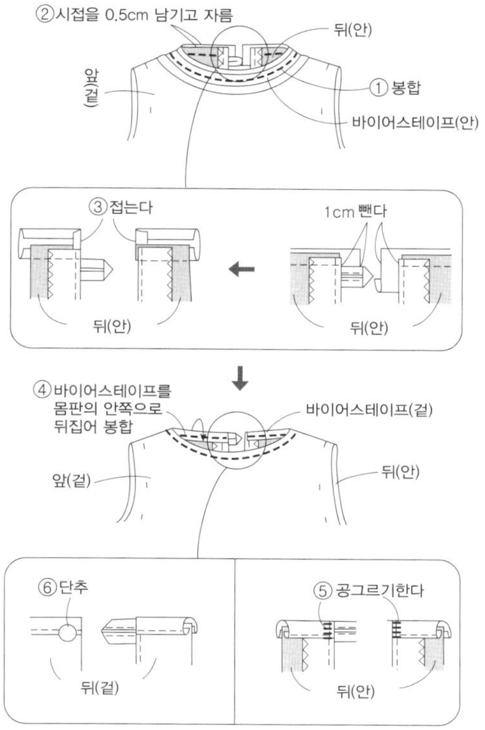

②시접을 0.5cm 남기고 자름
뒤(안)
앞(겉)
①봉합
바이어스테이프(안)
③접는다
1cm 뺀다
뒤(안)
뒤(안)
④바이어스테이프를 몸판의 안쪽으로 뒤집어 봉합
바이어스테이프(겉)
앞(겉)
뒤(안)
⑥단추
뒤(겉)
⑤공그르기한다
뒤(안)

4 소매를 단다.

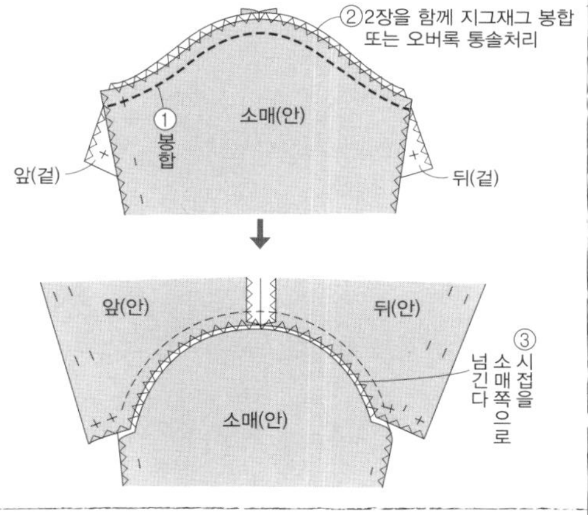

②2장을 함께 지그재그 봉합 또는 오버록 통솔처리
소매(안)
①봉합
앞(겉)
뒤(겉)
앞(안)
뒤(안)
③시접을 소매 쪽으로 넘긴다
소매(안)

5 소매 아래선부터 이어서 옆선을 봉합하고 소맷부리를 봉합한다.

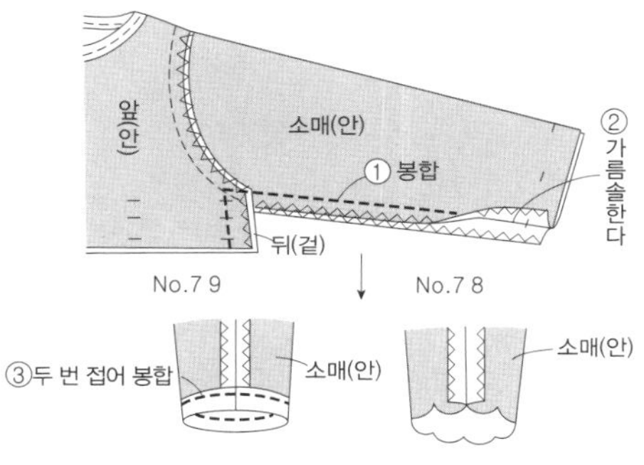

앞(안)
소매(안)
①봉합
②가름솔한다
뒤(겉)
No.79
No.78
③두 번 접어 봉합
소매(안)
소매(안)

6 스커트를 만들어 단다.

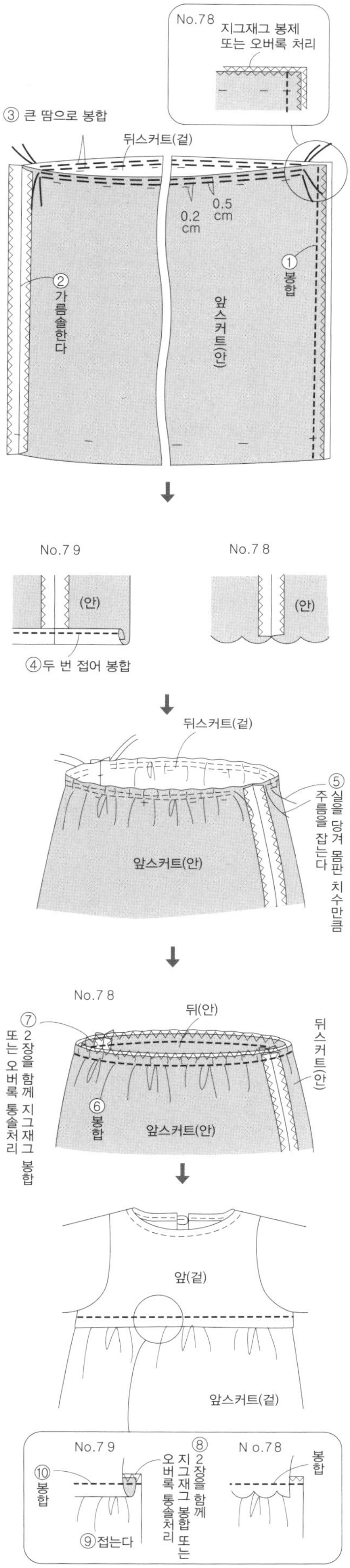

No.78
지그재그 봉제 또는 오버록 처리
③ 큰 땀으로 봉합
뒤스커트(겉)
0.2 cm
0.5 cm
②가름솔한다
앞스커트(안)
①봉합
No.79
No.78
(안)
(안)
④두 번 접어 봉합
뒤스커트(겉)
⑤실을 당겨 몸판 치수만큼 주름을 잡는다
앞스커트(안)
No.78
⑦2장을 함께 지그재그 봉합 또는 오버록 통솔처리
뒤(안)
뒤스커트(안)
⑥봉합
앞스커트(안)
앞(겉)
앞스커트(겉)
No.79
⑩봉합
⑨접는다
⑧2장을 함께 지그재그 봉합 또는 오버록 통솔처리
No.78
봉합

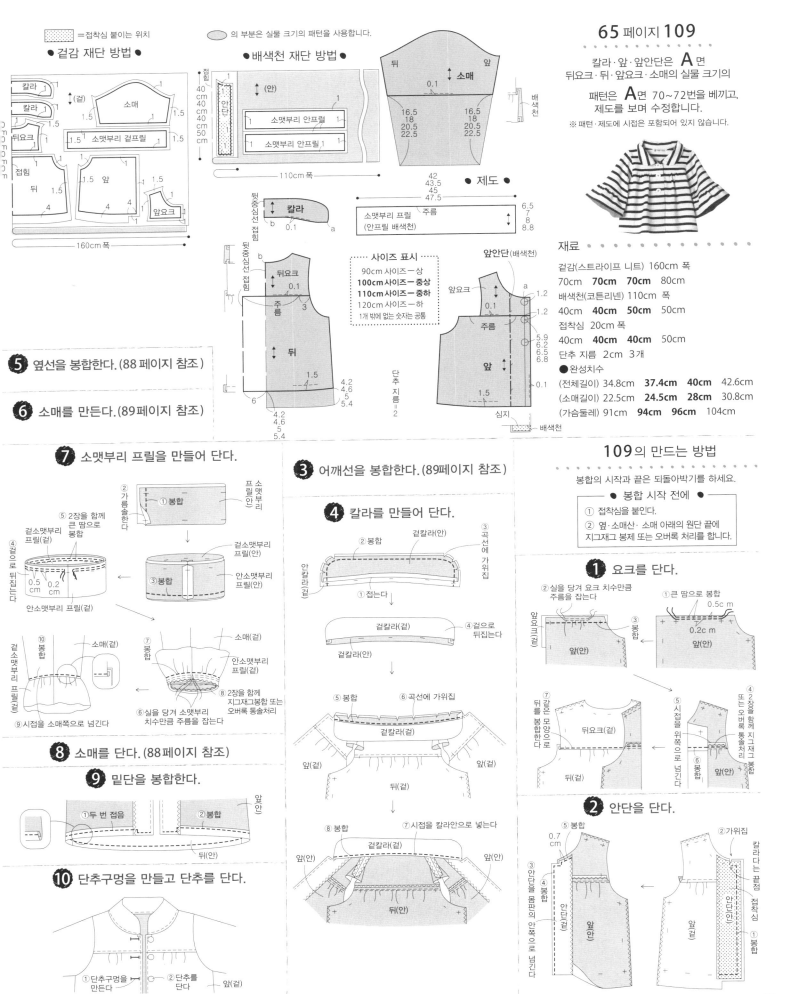

=접착심 붙이는 위치

의 부분은 실물 크기의 패턴을 사용합니다.

● 겉감 재단 방법 ●

● 배색천 재단 방법 ●

칼라·앞·앞안단은 **A** 면
뒤요크·뒤·앞요크·소매의 실물 크기의

패턴은 **A** 면 70~72번을 베끼고,
제도를 보며 수정합니다.

※ 패턴·제도에 시접은 포함되어 있지 않습니다.

재료

겉감(스트라이프 니트) 160cm 폭
70cm **70cm 70cm** 80cm

배색천(코튼리넨) 110cm 폭
40cm **40cm 50cm** 50cm

접착심 20cm 폭
40cm **40cm 40cm** 50cm

단추 지름 2cm 3개

● 완성치수

(전체길이)	34.8cm	**37.4cm**	**40cm**	42.6cm
(소매길이)	22.5cm	**24.5cm**	**28cm**	30.8cm
(가슴둘레)	91cm	**94cm**	**96cm**	104cm

● 사이즈 표시 ●
90cm 사이즈―상
100cm 사이즈―중상
110cm 사이즈―중하
120cm 사이즈―하
1개 밖에 없는 숫자는 공통

⑤ 옆선을 봉합한다. (88 페이지 참조)

⑥ 소매를 만든다. (89페이지 참조)

⑦ 소맷부리 프릴을 만들어 단다.

③ 어깨선을 봉합한다. (89페이지 참조)

④ 칼라를 만들어 단다.

109의 만드는 방법

봉합의 시작과 끝은 되돌아박기를 하세요.

● 봉합 시작 전에 ●
① 접착심을 붙인다.
② 옆·소매산·소매 아래의 원단 끝에 지그재그 봉제 또는 오버록 처리를 합니다.

① 요크를 단다.

② 안단을 단다.

⑧ 소매를 단다. (88 페이지 참조)

⑨ 밑단을 봉합한다.

⑩ 단추구멍을 만들고 단추를 단다.

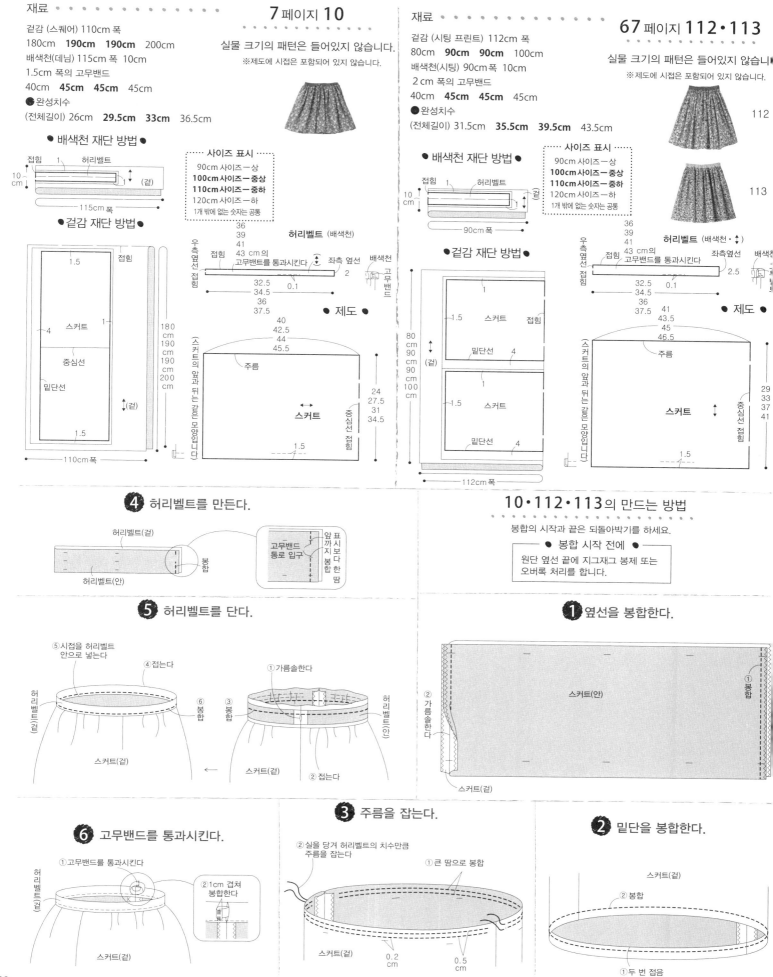

재료 ● ● ● ● ● ● ● ● ● ●

겉감 (스퀘어) 110cm 폭
180cm **190cm 190cm** 200cm
배색천(데님) 115cm 폭 10cm
1.5cm 폭의 고무밴드
40cm **45cm 45cm** 45cm
● 완성치수
(전체길이) 26cm **29.5cm 33cm** 36.5cm

● 배색천 재단 방법 ●

접힘   1   허리벨트
10 cm   (겉)
    115cm 폭

● 겉감 재단 방법 ●

접힘
1.5
스커트 │1
4 │ 중심선
밑단선
1.5
110cm 폭
180cm 190cm 190cm 200cm
(겉)

7 페이지 10

실물 크기의 패턴은 들어있지 않습니다.
※제도에 시접은 포함되어 있지 않습니다.

● 사이즈 표시 ●
90cm 사이즈 ─ 상
100cm 사이즈 ─ 중상
110cm 사이즈 ─ 중하
120cm 사이즈 ─ 하
1개 밖에 없는 숫자는 공통

36
39
41
43 cm의
고무밴드를 통과시킨다
32.5 0.1
34.5
36
37.5

우측옆선 접힘   좌측옆선
배색천   고무밴드

● 제도 ●

40
42.5
44
45.5
주름

스커트
중심선 접힘
24
27.5
31
34.5
1.5
(스커트의 앞과 뒤는 같은 모양입니다)

재료 ● ● ● ● ● ● ● ● ● ●

겉감 (시팅 프린트) 112cm 폭
80cm **90cm 90cm** 100cm
배색천(시팅) 90cm폭 10cm
2cm 폭의 고무밴드
40cm **45cm 45cm** 45cm
● 완성치수
(전체길이) 31.5cm **35.5cm 39.5cm** 43.5cm

● 배색천 재단 방법 ●

접힘   1   허리벨트
10 cm   (겉)
    90cm 폭

67 페이지 112·113

실물 크기의 패턴은 들어있지 않습니

※제도에 시접은 포함되어 있지 않습니

112

113

● 사이즈 표시 ●
90cm 사이즈 ─ 상
100cm 사이즈 ─ 중상
110cm 사이즈 ─ 중하
120cm 사이즈 ─ 하
1개 밖에 없는 숫자는 공통

36
39
41
43 cm의
고무밴드를 통과시킨다
32.5 0.1
34.5
36
37.5

우측옆선 접힘   허리벨트 (배색천·↕)   좌측옆선
2.5   배색천

● 겉감 재단 방법 ●

1.5 스커트 접힘 │1
         밑단선 4
80 cm
90 cm
90 cm
100 cm
(겉)
1.5 스커트 │1
         밑단선 4
112cm 폭

● 제도 ●

41
43.5
45
46.5
주름

스커트
중심선 접힘
29
33
37
41
1.5
(스커트의 앞과 뒤는 같은 모양입니다)

---

❹ 허리벨트를 만든다.

허리벨트(겉)
봉합
허리벨트(안)

고무밴드 통로 입구
앞 표시까지보다 한 땀 더 봉합

10·112·113의 만드는 방법

봉합의 시작과 끝은 되돌아박기를 하세요.
● 봉합 시작 전에 ●
원단 옆선 끝에 지그재그 봉제 또는
오버록 처리를 합니다.

---

❺ 허리벨트를 단다.

⑤시접을 허리벨트 안으로 넣는다
④접는다
①가름솔한다
③봉합
허리벨트(겉)
⑥봉합
허리벨트(안)
②접는다
③봉합
스커트(겉)
스커트(겉)

❶ 옆선을 봉합한다.

스커트(안)
②가름솔을 한다
①봉합
스커트(겉)

---

❻ 고무밴드를 통과시킨다.

①고무밴드를 통과시킨다
②1cm 겹쳐 봉합한다
허리벨트(겉)
스커트(겉)

❸ 주름을 잡는다.

②실을 당겨 허리벨트의 치수만큼 주름을 잡는다
①큰 땀으로 봉합
스커트(겉)
0.2 cm   0.5 cm

❷ 밑단을 봉합한다.

①큰 땀으로 봉합
스커트(겉)
②봉합
①두 번 접음

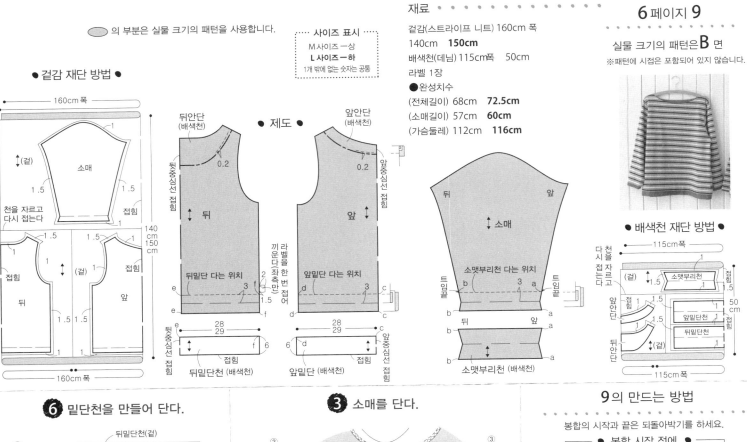

의 부분은 실물 크기의 패턴을 사용합니다.

● 사이즈 표시 ●
M사이즈 ─ 상
L 사이즈 ─ 하
1개 밖에 없는 숫자는 공통

재료
겉감(스트라이프 니트) 160cm 폭
140cm **150cm**
배색천(데님) 115cm폭 50cm
라벨 1장

●완성치수
(전체길이) 68cm **72.5cm**
(소매길이) 57cm **60cm**
(가슴둘레) 112cm **116cm**

6 페이지 9

실물 크기의 패턴은 **B** 면
※패턴에 시접은 포함되어 있지 않습니다.

● 겉감 재단 방법 ●

● 제도 ●

● 배색천 재단 방법 ●

9의 만드는 방법

봉합의 시작과 끝은 되돌아박기를 하세요.
● 봉합 시작 전에 ●
옆·소매아래 안단의 원단 끝에 지그재그
봉제 또는 오버록 처리를 합니다.

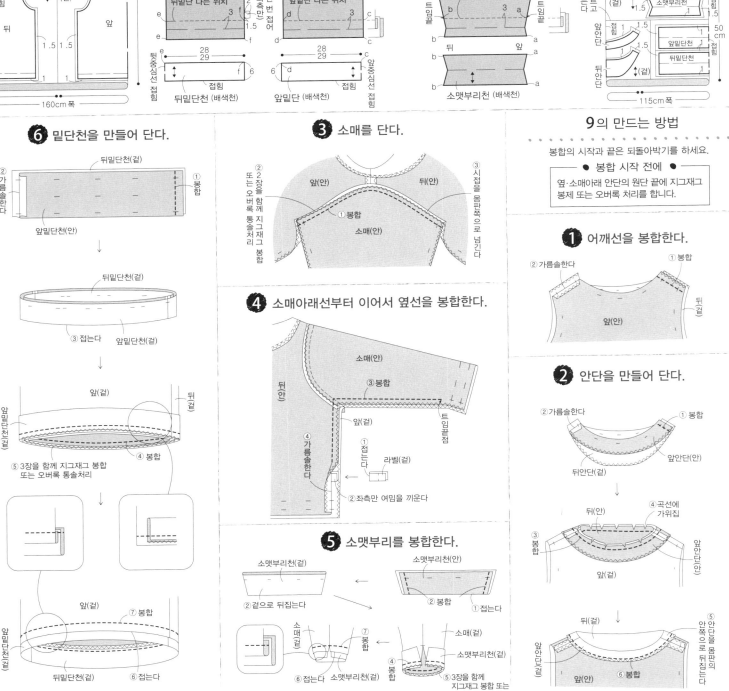

❻ 밑단천을 만들어 단다.

❸ 소매를 단다.

❹ 소매아래선부터 이어서 옆선을 봉합한다.

❺ 소맷부리를 봉합한다.

❶ 어깨선을 봉합한다.

❷ 안단을 만들어 단다.

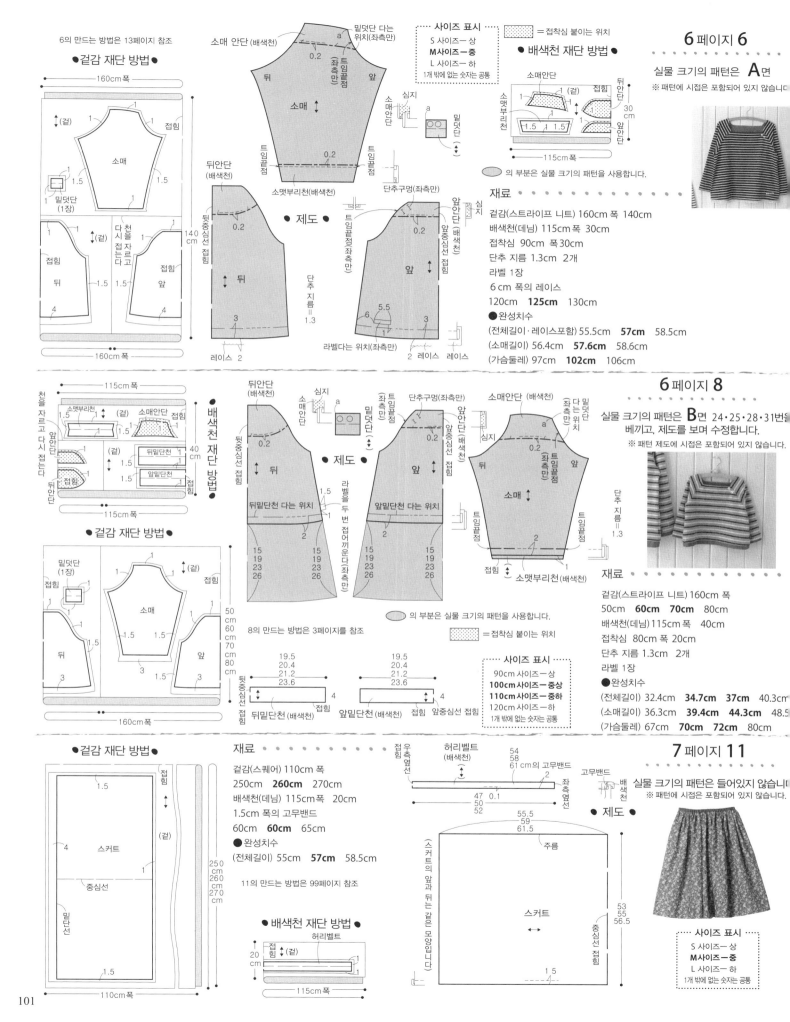

6의 만드는 방법은 13페이지 참조

● 겉감 재단 방법 ●

160cm 폭

소매

밑덧단 (1장)

뒤

앞

접힘

다시 천을 접어 자르고

140cm

160cm 폭

소매 안단 (배색천)

밑덧단 다는 위치 (좌측만)

0.2

좌측만 트임끝점

뒤

소매

앞

소매안단

심지

a

밑덧단

뒤안단 (배색천)

0.2

● 제도 ●

소맷부리천 (배색천)

트임끝점

트임끝점 좌측만

단추구멍 (좌측만)

덮단

앞안단 (배색천)

0.2

뒤

앞중심선 접힘

뒷중심선 접힘

단추 지름 = 1.3

심지

레이스 2

3

5.5

6

3

라벨다는 위치 (좌측만)

2 레이스 레이스

사이즈 표시
S 사이즈 — 상
M사이즈 — 중
L 사이즈 — 하
1개 밖에 없는 숫자는 공통

= 접착심 붙이는 위치

● 배색천 재단 방법 ●

115cm 폭

소매안단

뒤안단

앞안단

소맷부리천

1.5 1.5

30cm

의 부분은 실물 크기의 패턴을 사용합니다.

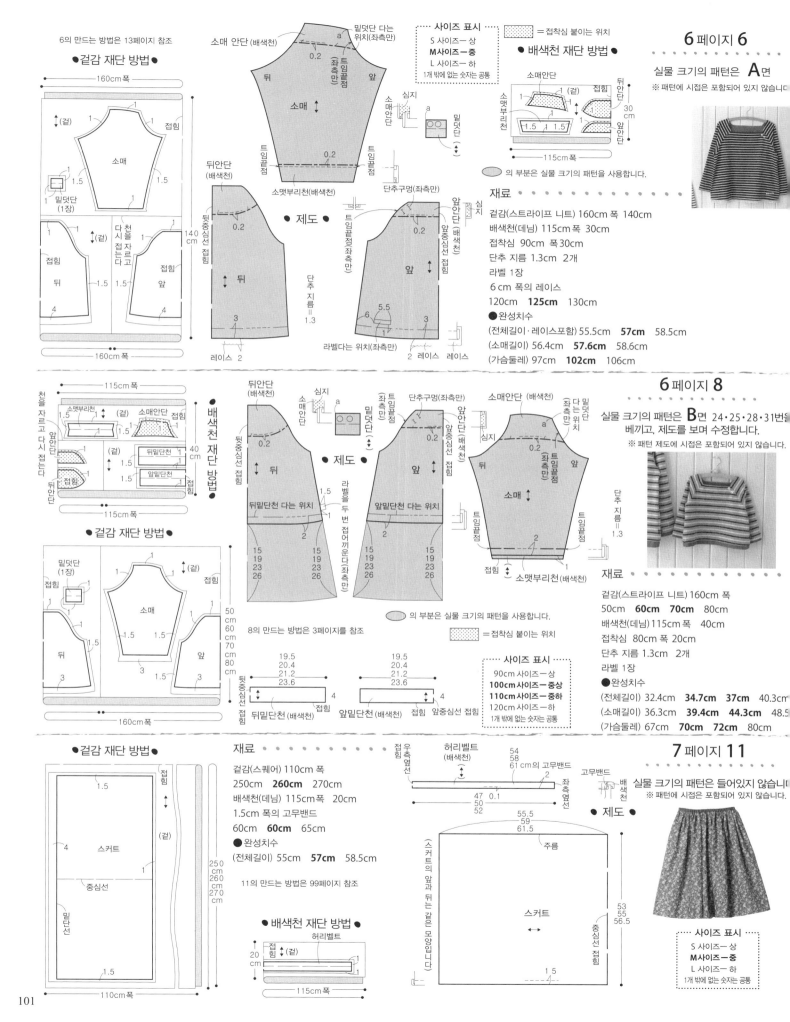

6 페이지 6

실물 크기의 패턴은 A면
※ 패턴에 시접은 포함되어 있지 않습니다.

재료

겉감(스트라이프 니트) 160cm 폭 140cm
배색천(데님) 115cm 폭 30cm
접착심 90cm 폭 30cm
단추 지름 1.3cm 2개
라벨 1장
6cm 폭의 레이스
120cm **125cm** 130cm

● 완성치수
(전체길이·레이스포함) 55.5cm **57cm** 58.5cm
(소매길이) 56.4cm **57.6cm** 58.6cm
(가슴둘레) 97cm **102cm** 106cm

115cm 폭

소맷부리천

소매안단

앞안단

뒤안단

접힘

천을 자르고 다시 접는다

40cm

115cm 폭

배색천 재단 방법

● 겉감 재단 방법 ●

밑덧단 (1장)

접힘

소매

뒤

앞

50cm 60cm 70cm 80cm

160cm 폭

뒤안단 (배색천)

심지

소매안단

a

밑덧단

0.2

뒷중심선 접힘

뒤

뒤밑단천 다는 위치

라벨을 두 번 접어 끼운다 (좌측만)

1.5

15 19 23 26

● 제도 ●

트임끝점 좌측만

앞안단 (배색천)

앞중심선 접힘

앞

0.2

앞밑단천 다는 위치

2

15 19 23 26

단추구멍 (좌측만)

소매안단 (배색천)

밑덧단 다는 위치 좌측만

0.2

뒤

소매

앞

트임끝점

트임끝점

접힘

소맷부리천 (배색천)

2

단추 지름 = 1.3

의 부분은 실물 크기의 패턴을 사용합니다.

8의 만드는 방법은 3페이지를 참조

= 접착심 붙이는 위치

19.5
20.4
21.2
23.6

뒷중심선 접힘

뒤밑단천 (배색천) 접힘

4

19.5
20.4
21.2
23.6

앞밑단천 접힘 앞중심선 접힘

4

사이즈 표시
90cm 사이즈 — 상
100cm 사이즈 — 중상
110cm 사이즈 — 중하
120cm 사이즈 — 하
1개 밖에 없는 숫자는 공통

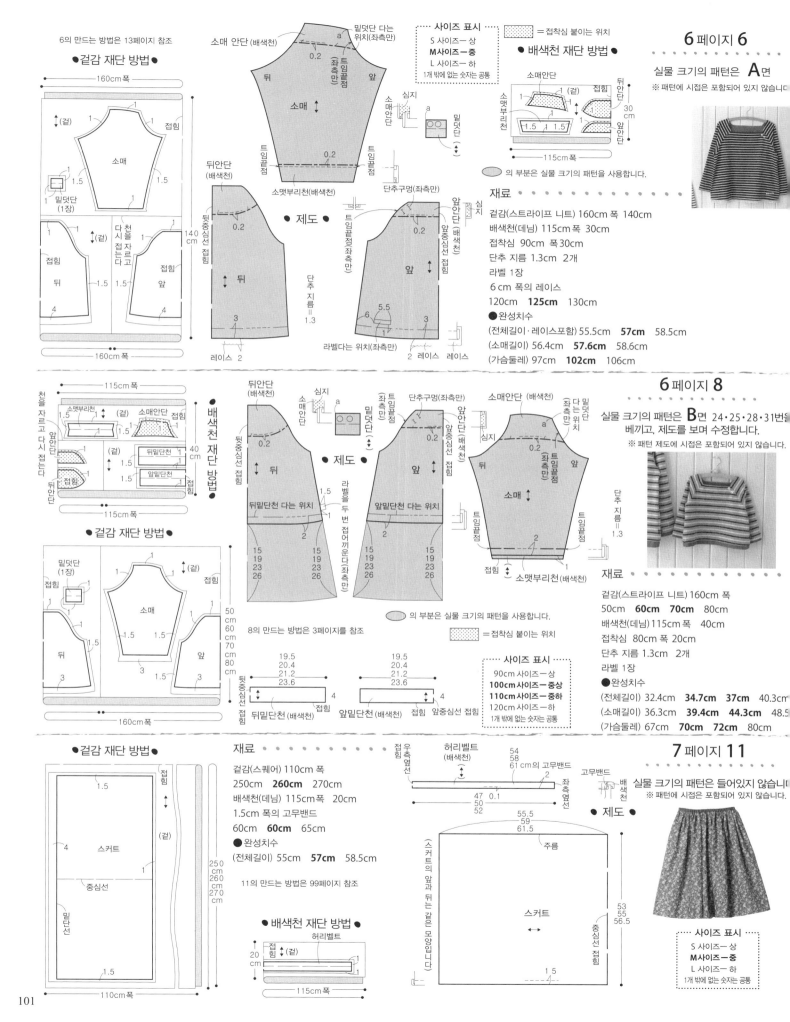

6 페이지 8

실물 크기의 패턴은 B면 24·25·28·31번을 베끼고, 제도를 보며 수정합니다.
※ 패턴 제도에 시접은 포함되어 있지 않습니다.

재료

겉감(스트라이프 니트) 160cm 폭
50cm **60cm** **70cm** 80cm
배색천(데님) 115cm 폭 40cm
접착심 80cm 폭 20cm
단추 지름 1.3cm 2개
라벨 1장

● 완성치수
(전체길이) 32.4cm **34.7cm** **37cm** 40.3cm
(소매길이) 36.3cm **39.4cm** **44.3cm** 48.5
(가슴둘레) 67cm **70cm** **72cm** 80cm

● 겉감 재단 방법 ●

1.5

접힘

스커트

중심선

밑단선

250cm 260cm 270cm

110cm 폭

재료

겉감(스퀘어) 110cm 폭
250cm **260cm** 270cm
배색천(데님) 115cm폭 20cm
1.5cm 폭의 고무밴드
60cm **60cm** 65cm

● 완성치수
(전체길이) 55cm **57cm** 58.5cm

11의 만드는 방법은 99페이지 참조

● 배색천 재단 방법 ●

허리벨트

20cm

접힘

115cm 폭

접힘

우측옆선

허리벨트 (배색천)

54
58
61 cm의 고무밴드

47 0.1
50
52

좌측옆선

고무밴드

배색천

● 제도 ●

55.5
59
61.5

주름

(스커트의 앞과 뒤는 같은 모양입니다)

스커트

53
55
56.5

중심선 접힘

1.5

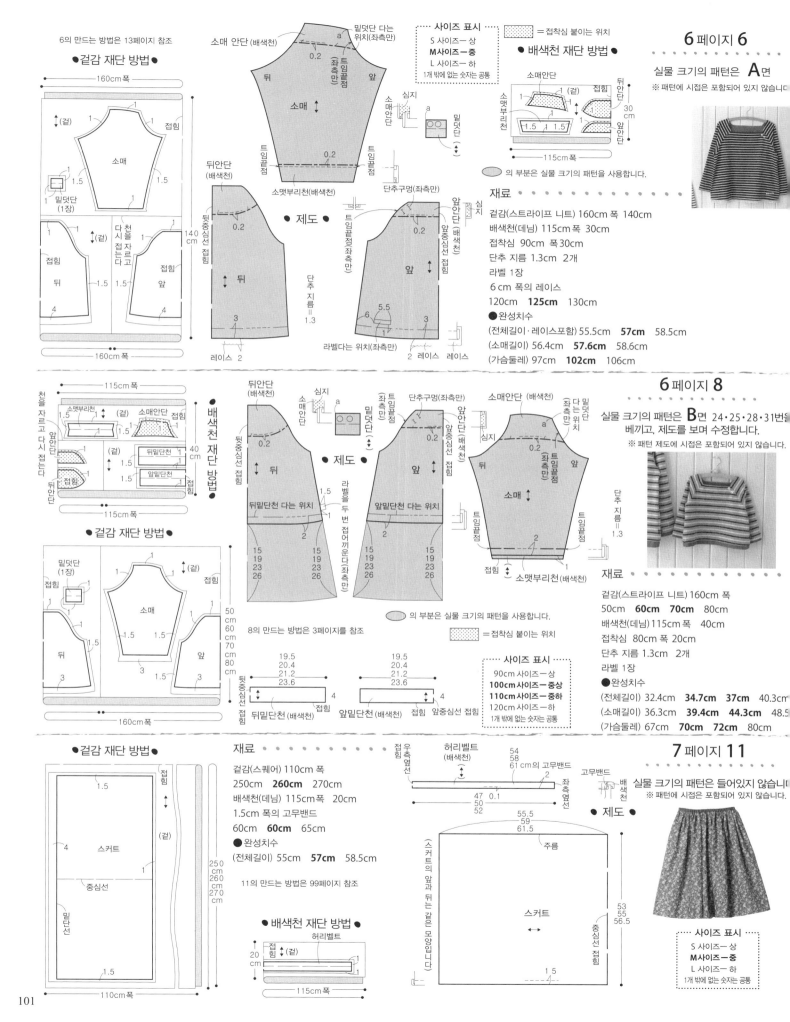

7 페이지 11

실물 크기의 패턴은 들어있지 않습니다.
※ 패턴에 시접은 포함되어 있지 않습니다.

사이즈 표시
S 사이즈 — 상
M 사이즈 — 중
L 사이즈 — 하
1개 밖에 없는 숫자는 공통

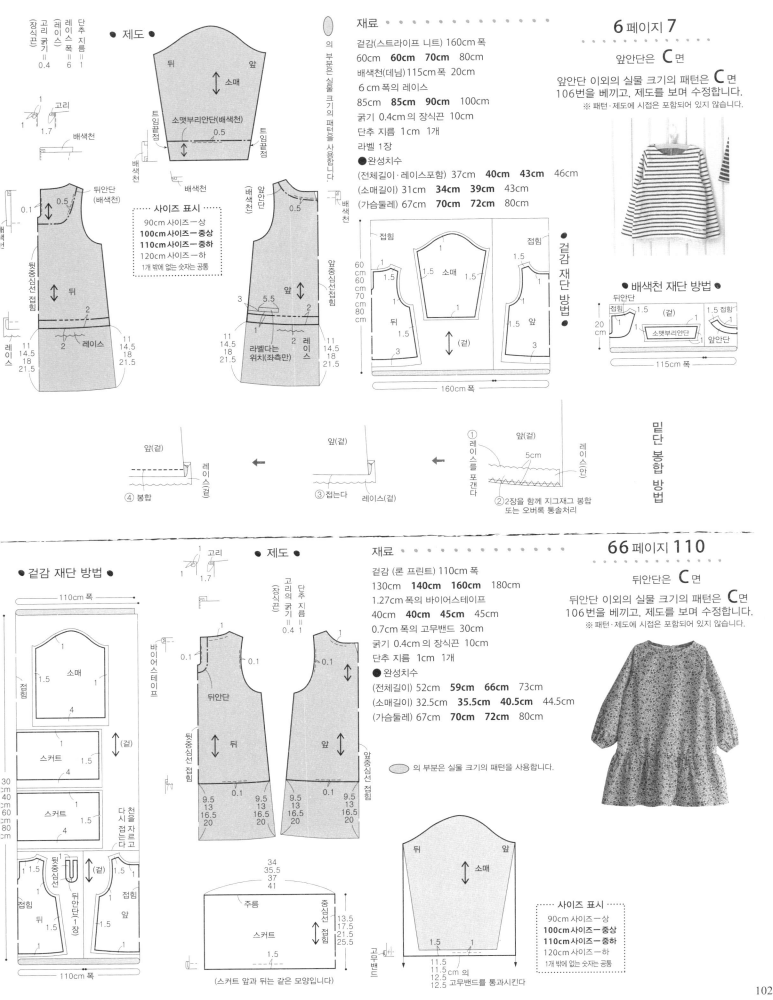

● 제도 ●

뒤 / 소매 / 앞

● 재료 ●

겉감(스트라이프 니트) 160cm 폭
60cm **60cm** **70cm** 80cm
배색천(데님)115cm 폭 20cm
6cm 폭의 레이스
85cm **85cm** **90cm** 100cm
굵기 0.4cm의 장식끈 10cm
단추 지름 1cm 1개
라벨 1장

● 완성치수
(전체길이·레이스포함) 37cm **40cm** **43cm** 46cm
(소매길이) 31cm **34cm** **39cm** 43cm
(가슴둘레) 67cm **70cm** **72cm** 80cm

6 페이지 **7**

앞안단은 **C**면

앞안단 이외의 실물 크기의 패턴은 **C**면
106번을 베끼고, 제도를 보며 수정합니다.
※ 패턴·제도에 시접은 포함되어 있지 않습니다.

의 부분은 실물 크기의 패턴을 사용합니다.

틈임끝점 / 소맷부리안단(배색천) / 0.5 / 틈임끝점

소맷부리안단 / 0.5

뒤안단(배색천) / 0.5 / 0.1

뒷중심선 접힘 / 뒤 / 2

11 / 14.5 / 18 / 21.5 레이스 / 2 레이스 / 11 / 14.5 / 18 / 21.5

고리 1.7 / 배색천 / 레이스폭=6 / 단추지름=1 / 고리굵기(장식끈)=0.4

사이즈 표시
90cm 사이즈—상
100cm 사이즈—중상
110cm 사이즈—중하
120cm 사이즈—하
1개 밖에 없는 숫자는 공통

앞안단 / 배색천 / 0.5 / 앞중심선접힘

3 / 5.5 / 2 / 앞 / 2
11 / 14.5 / 18 / 21.5 / 라벨다는 위치(좌측만) / 2 레이스 / 11 / 14.5 / 18 / 21.5

접힘 / 1.5 소매 1.5 / 접힘
1.5 / 뒤 / 1.5 / 1.5 앞 3
60 60 70 80 cm / 3
— 160cm 폭 —

겉감 재단 방법

● 배색천 재단 방법 ●
뒤안단 / 접힘 1.5 (겉) 1.5 접힘
20cm / 소맷부리안단 / 1
앞안단
— 115cm 폭 —

① 레이스를 포갠다 / 앞(겉) 5cm / 레이스(안)
② 2장을 함께 지그재그 봉합 또는 오버록 통솔처리
앞(겉) / ③ 접는다 / 레이스(겉)
앞(겉) / ④ 봉합 / 레이스(걸)

밑단 봉합 방법

─────────────────────────

● 겉감 재단 방법 ●
— 110cm 폭 —
1.5 소매 1 / 접힘 / 4
(겉) / 스커트 / 1.5 / 4
스커트 / 1 / 1.5 / 4
30cm 40cm 60cm 80cm
다시 천을 접는다 자르고
뒷중심선 / 뒤안단(1장) / (겉)
1.5 / 1.5 / 앞
접힘 / 뒤 / 1.5 / 접힘 앞
— 110cm 폭 —

고리 1.7 / 바이어스테이프 / 고리의 굵기(장식끈)=0.4 / 단추지름=1

● 제도 ●

뒤안단 / 0.1 / 0.1 / 0.1
뒷중심선 접힘 / 뒤 / 앞 / 앞중심선접힘
9.5 13 16.5 20 / 0.1 / 9.5 13 16.5 20 / 9.5 13 16.5 20 / 0.1 / 9.5 13 16.5 20

34 / 35.5 / 37 / 41
주름 / 스커트 / 중심선 접힘
13.5 17.5 21.5 25.5
1.5 / 4
(스커트 앞과 뒤는 같은 모양입니다)

● 재료 ●

겉감 (론 프린트) 110cm 폭
130cm **140cm** **160cm** 180cm
1.27cm 폭의 바이어스테이프
40cm **40cm** **45cm** 45cm
0.7cm 폭의 고무밴드 30cm
굵기 0.4cm의 장식끈 10cm
단추 지름 1cm 1개

● 완성치수
(전체길이) 52cm **59cm** **66cm** 73cm
(소매길이) 32.5cm **35.5cm** **40.5cm** 44.5cm
(가슴둘레) 67cm **70cm** **72cm** 80cm

의 부분은 실물 크기의 패턴을 사용합니다.

66 페이지 **110**

뒤안단은 **C**면

뒤안단 이외의 실물 크기의 패턴은 **C**면
106번을 베끼고, 제도를 보며 수정합니다.
※ 패턴·제도에 시접은 포함되어 있지 않습니다.

뒤 / 소매 / 앞
1.5 / 1
고무밴드
11.5 / 11.5cm 의 / 12.5 / 12.5 고무밴드를 통과시킨다

사이즈 표시
90cm 사이즈—상
100cm 사이즈—중상
110cm 사이즈—중하
120cm 사이즈—하
1개 밖에 없는 숫자는 공통

❼ 스커트를 만든다.

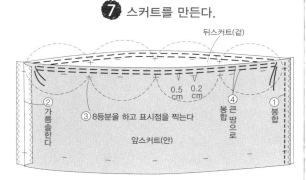

뒤스커트(겉)

0.5 cm 0.2 cm

② 가름솔을 한다

③ 8등분을 하고 표시점을 찍는다

④ 봉합 큰 땀으로

① 봉합

앞스커트(안)

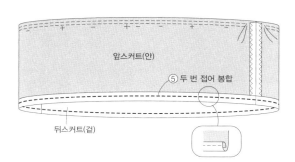

앞스커트(안)

⑤ 두 번 접어 봉합

뒤스커트(겉)

❽ 스커트를 달고 단추를 단다.

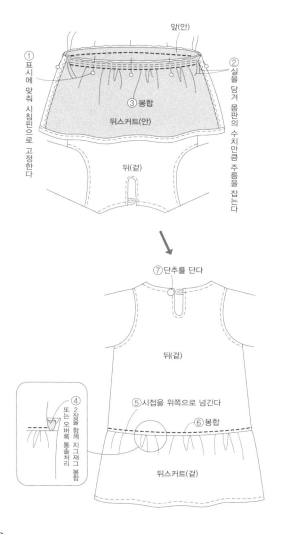

앞(안)

① 표시에 맞춰 시침핀으로 고정한다

② 실을 당겨 몸판의 수치만큼 주름을 잡는다

③ 봉합

뒤스커트(안)

뒤(겉)

⑦ 단추를 단다

뒤(겉)

④ 2장을 함께 지그재그 봉합 또는 오버록 통솔처리

⑤ 시접을 위쪽으로 넘긴다

⑥ 봉합

뒤스커트(겉)

❹ 소매를 단다.

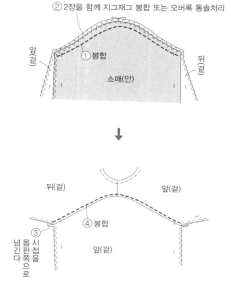

② 2장을 함께 지그재그 봉합 또는 오버록 통솔처리

앞(겉)

① 봉합

소매(안)

뒤(겉)

뒤(겉)   앞(겉)

④ 봉합

③ 넘긴다 시접을 몸판쪽으로

앞(겉)

❺ 소매아래선부터 이어서 옆선을 봉합한다.

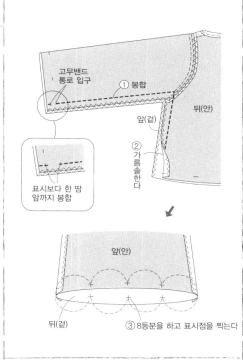

고무밴드 통로 입구

① 봉합

앞(겉)

뒤(안)

② 가름솔을 한다

표시보다 한 땀 앞까지 봉합

앞(안)

뒤(겉)   뒤(겉)

③ 8등분을 하고 표시점을 찍는다

❻ 소맷부리를 봉합한다.

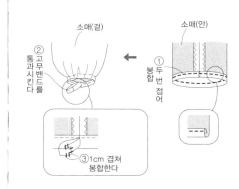

소매(겉)

소매(안)

② 통과 고무밴드를 시킨다

① 봉합 두 번 접어

③ 1cm 겹쳐 봉합한다

110의 만드는 방법

봉합의 시작과 끝은 되돌아박기를 하세요.
● 봉합 시작 전에 ●
옆·어깨·소매아래·뒤안단의 원단 끝에 지그재그 봉제 또는 오버록 처리를 합니다.

❶ 뒤트임을 만든다.

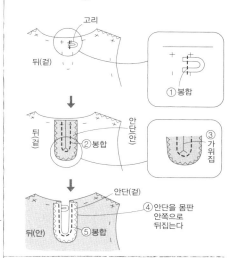

고리

뒤(겉)

① 봉합

뒤(겉)

안단(안)

② 봉합

③ 가위집

④ 안단을 몸판 안쪽으로 뒤집는다

안단(겉)

뒤(안)

⑤ 봉합

❷ 어깨선을 봉합한다.

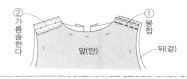

② 가름솔을 한다

① 봉합

앞(안)

뒤(겉)

❸ 옷깃둘레를 봉합한다.

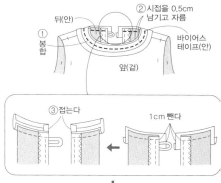

② 시접을 0.5cm 남기고 자름

① 봉합

바이어스 테이프(안)

뒤(안)

앞(겉)

③ 접는다

1cm 뺀다

뒤(안)

앞(겉)

라벨(겉)

④ 접는다

⑥ 라벨을 끼워 봉합

바이어스테이프(겉)

⑦ 공그르기한다

라벨(겉)

뒤(안)

⑤ 바이어스테이프를 몸판의 안쪽으로 뒤집어 봉합

첫 번째 섹션 (상단)

실물 크기의 패턴은 **A**면
※ 패턴에 시접은 포함되어 있지 않습니다.

▪ 사이즈 표시 ▪
90cm 사이즈 — 상
100cm 사이즈 — 중상
110cm 사이즈 — 중하
120cm 사이즈 — 하
1개 밖에 없는 숫자는 공통

고무밴드를 통과시킨다
a
2.5
b
옆천

의 부분은 실물 크기의 패턴을 사용합니다.

● 겉감 재단 방법 ●

접힘 ↕ (겉)
3
옆천
1.5
3
뒤 1.5
앞
1.5
1.5
1.5
1
1
138cm 폭
60 cm / 60 cm / 70 cm / 80 cm

전체에 45 cm의 고무밴드를 통과시킨다
36 / 39 / 41
2.5
뒤
0.1
레이스 1.3

고무밴드를 통과시킨다
a
2.5
고무밴드
바이어스테이프
b
1
앞
0.1
1.3 레이스

재료
겉감 (리넨 프린트) 138cm 폭
60cm **60cm 70cm** 80cm
2cm 폭의 고무밴드
40cm **45cm 45cm** 50cm
1.27cm 폭의 바이어스테이프
30cm **35cm 35cm** 35cm
1.8cm 폭의 토션레이스
90cm **100cm 105cm** 105cm
● 완성치수
(전체길이) 36cm **41cm 45cm** 50cm

두 번째 섹션 (중단)

실물 크기의 패턴은 **A**면 15번을 베끼고, 제도를 보며 수정합니다.
※ 패턴 제도에 시접은 포함되어 있지 않습니다.

▪ 사이즈 표시 ▪
90cm 사이즈 — 상
100cm 사이즈 — 중상
110cm 사이즈 — 중하
120cm 사이즈 — 하
1개 밖에 없는 숫자는 공통

의 부분은 실물 크기의 패턴을 사용합니다.

● 겉감 재단 방법 ●

접힘 ↕ (겉)
3
옆천
1.5
3
3
뒤 1.5
앞
1
1.5
1.5
4
4
138cm 폭
60 cm / 60 cm / 70 cm / 80 cm

● 제도 ●

전체에 45 cm의 고무밴드를 통과시킨다
36 / 39 / 41
2.5
뒤
1.5
3

고무밴드를 통과시킨다
a
2.5
고무밴드
바이어스테이프
b
1
앞
1.5

고무밴드를 통과시킨다
a
2.5
b
옆천
1.5

재료
겉감(리넨 프린트) 138cm 폭
60cm **60cm 70cm** 80cm
2cm 폭의 고무밴드
40cm **45cm 45cm** 50cm
1.27cm 폭의 바이어스테이프
30cm **35cm 35cm** 35cm
● 완성치수
(전체길이) 36cm **41cm 45cm** 50cm

세 번째 섹션 (하단)

실물 크기의 패턴은 **D**면
※ 패턴에 시접은 포함되어 있지 않습니다.

● 겉감 재단 방법 ●

3
옆천
3
1.5
1.5
앞
1.5
↕ (겉)
접힘
3
뒤
1.5
1.5
1
170 cm / 170 cm / 180 cm
138cm 폭

▪ 사이즈 표시 ▪
S 사이즈 — 상
M 사이즈 — 중
L 사이즈 — 하
1개 밖에 없는 숫자는 공통

● 제도 ●

고무밴드를 통과시킨다
2
고무밴드
바이어스테이프
의 부분은 실물 크기의 패턴을 사용합니다
뒤
0.1
레이스 1.3

전체에 61 cm의 고무밴드를 통과시킨다
54 / 58 / 61
주머니입술
a
2
b
1
0.5
앞
0.1
1.3 레이스

a
b
옆천
(토션레이스 폭)=1.3
레이스 폭 =1.3

재료
겉감(리넨 프린트) 138cm 폭
170cm **170cm** 180cm
1.5cm 폭의 고무밴드
60cm **60cm** 65cm
1.8cm 폭의 토션레이스
190cm **195cm** 205cm
1.27cm 폭의 바이어스테이프
40cm **40cm** 45cm
● 완성치수
(전체길이) 71cm **73.5cm** 75.5cm

❺ 허리를 봉합한다.

접는다

봉합

앞(겉)

❻ 고무밴드를 통과시킨다.

② 1cm 겹쳐 봉합한다

고무밴드

① 고무밴드를 통과시킨다

No.14 · 15

No.16

❸ 밑단을 봉합한다.

(No.16)

(안)

① 두 번 접음

② 봉합

(No.14 · 15)

③ 봉합

(겉)

① 접는다

② 레이스를 겹친다

(안)

1cm 겹친다

레이스

❹ 밑아래선을 봉합한다.

우측앞(겉)

① 겉으로 안쪽으로 뒤집어진 우측 팬츠를 넣는다

좌측뒤(안)

④ 우측팬츠를 당겨 빼낸다.

③ 가름솔을 한다

② 두 줄 봉합

좌측뒤(안)

0.5cm

표시보다 한 땀 앞까지 봉합

고무밴드 통로 입구

❶ 주머니를 만든다.

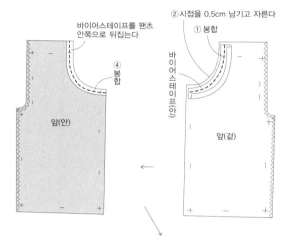

바이어스테이프를 팬츠 안쪽으로 뒤집는다

② 시접을 0.5cm 남기고 자른다

① 봉합

봉합

바이어스테이프(안)

앞(안)

앞(겉)

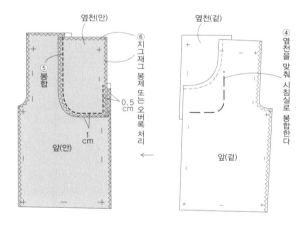

옆천(안)

⑥ 지그재그 봉제 또는 오버록 처리

⑤ 봉합

0.5 cm

1 cm

앞(안)

옆천(겉)

④ 옆천을 맞춰 시침실로 봉합한다

앞(겉)

❷ 옆선·바지가랑이선을 봉합한다.

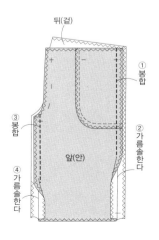

뒤(겉)

① 봉합

③ 봉합

② 가름솔을 한다

앞(안)

④ 가름솔을 한다

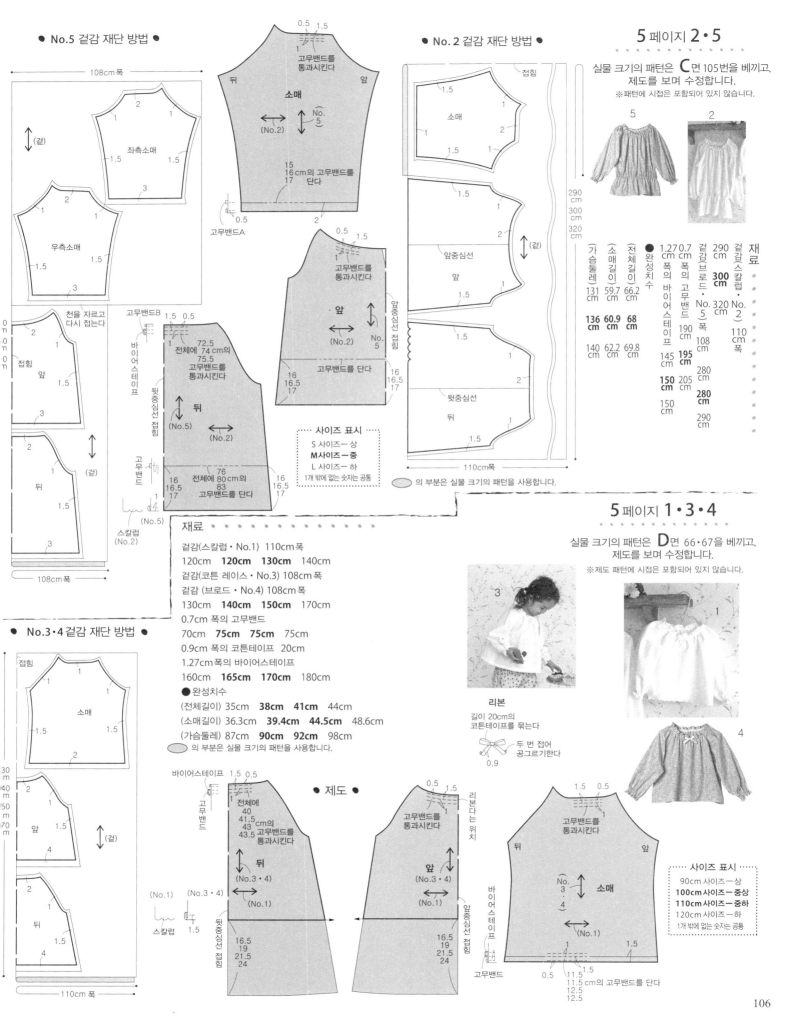

● No.5 겉감 재단 방법 ●

108cm 폭

(겉)
2
1
좌측소매
1.5   1.5
3

2
1
우측소매
1.5
3

천을 자르고
다시 접는다
접힘   앞
2   1
1.5
3

(겉)

2
1
뒤
1.5
3

108cm 폭

● No.3·4 겉감 재단 방법 ●

접힘
1   1
소매
1.5   1.5
2

30cm
40cm
50cm
70cm

앞
1.5
4

2
1
뒤
1.5
4

110cm 폭

뒤   앞
고무밴드를
통과시킨다
소매
(No.2)
No.5
15
16 cm의 고무밴드를
17   단다
0.5   2

고무밴드A

고무밴드B 1.5 0.5
바이어스테이프
72.5
전체에 74 cm의
75.5
고무밴드를
통과시킨다
뒤
(No.2)
(No.5)
76
16   전체에 80cm의   16
16.5   83   16.5
17   고무밴드를 단다   17

뒷중심선 접힘
고무밴드
스칼럽
(No.2)   (No.5)
1.5

0.5   1.5
고무밴드를
통과시킨다
앞
(No.2)   No.5
앞중심선 접힘
16   고무밴드를 단다   16
16.5   16.5
17   17

┄┄ 사이즈 표시 ┄┄
S 사이즈─ 상
M사이즈─ 중
L 사이즈─ 하
1개 밖에 없는 숫자는 공통

◯ 의 부분은 실물 크기의 패턴을 사용합니다.

재료
겉감(스칼럽·No.1) 110cm폭
120cm 120cm 130cm 140cm
겉감(코튼 레이스·No.3) 108cm 폭
겉감 (브로드·No.4) 108cm 폭
130cm 140cm 150cm 170cm
0.7cm 폭의 고무밴드
70cm 75cm 75cm 75cm
0.9cm 폭의 코튼테이프 20cm
1.27cm 폭의 바이어스테이프
160cm 165cm 170cm 180cm
● 완성치수
(전체길이) 35cm 38cm 41cm 44cm
(소매길이) 36.3cm 39.4cm 44.5cm 48.6cm
(가슴둘레) 87cm 90cm 92cm 98cm
◯ 의 부분은 실물 크기의 패턴을 사용합니다.

바이어스테이프 1.5 0.5
고무밴드
● 제도 ●
전체에
40
41.5
43
43.5 cm의
고무밴드를
통과시킨다
뒤
(No.3·4)
(No.1)
16.5
19
21.5
24
뒷중심선 접힘
스칼럽   1.5
(No.1)   (No.3·4)

0.5 1.5
리본다는 위치
고무밴드를
통과시킨다
앞
(No.3·4)
(No.1)
앞중심선 접힘
16.5
19
21.5
24

● No. 2 겉감 재단 방법 ●

접힘
1.5
소매
1.5
1

1.5
2
(겉)

1.5
1

앞중심선
앞
1.5

뒷중심선
뒤
1.5

110cm폭

◯ 의 부분은 실물 크기의 패턴을 사용합니다.

5 페이지 2·5

실물 크기의 패턴은 **C**면 105번을 베끼고,
제도를 보며 수정합니다.
※패턴에 시접은 포함되어 있지 않습니다.

(가슴둘레)	(소매길이)	(전체길이)	● 완성치수	1.27 cm 폭의 바이어스테이프	0.7 cm 폭의 고무밴드	겉감(브로드·No.5) 폭		겉감스칼럽·No.2 110cm 폭	재료
131 cm	59.7 cm	66.2 cm				190 cm	290 cm	290 cm	
136 cm	**60.9 cm**	**68 cm**				108 cm	**300 cm**	**300 cm**	
140 cm	62.2 cm	69.8 cm				**195 cm**	320 cm	320 cm	
150 cm						205 cm	280 cm	110 cm 폭	
						150 cm	**280 cm**		
							290 cm		

290
300
320
cm

5 페이지 1·3·4

실물 크기의 패턴은 **D**면 66·67을 베끼고,
제도를 보며 수정합니다.
※제도 패턴에 시접은 포함되어 있지 않습니다.

3

리본
길이 20cm의
코튼테이프를 묶는다
두 번 접어
공그르기한다
0.9

1

4

1.5 0.5
뒤   앞
고무밴드를
통과시킨다
No.3·4   소매
(No.1)
1   1.5
0.5   1.5
11.5 cm의 고무밴드를 단다
12.5
12.5
고무밴드
바이어스테이프

┄┄ 사이즈 표시 ┄┄
90cm 사이즈─상
100cm 사이즈─중상
110cm 사이즈─중하
120cm 사이즈─하
1개 밖에 없는 숫자는 공통

④ 소매를 단다.

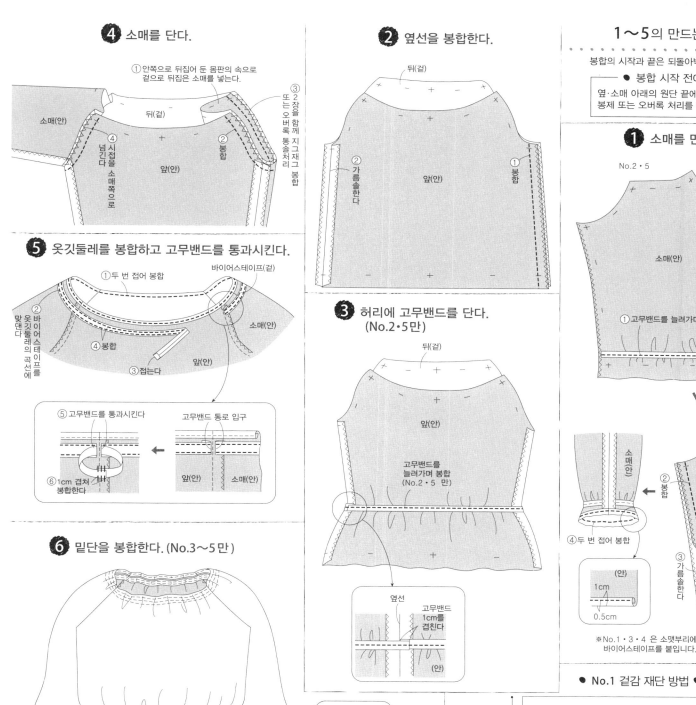

① 안쪽으로 뒤집어 둔 몸판의 속으로 겉으로 뒤집은 소매를 넣는다.

③ 2장을 함께 지그재그 또는 오버록 통솔봉합

뒤(겉)

소매(안)

④ 넘긴 시접을 소매쪽으로

② 봉합

앞(안)

⑤ 옷깃둘레를 봉합하고 고무밴드를 통과시킨다.

① 두 번 접어 봉합

바이어스테이프(겉)

② 옷깃둘레의 곡선에 바이어스테이프를 맞댄다.

④ 봉합

③ 접는다

소매(안)

앞(안)

⑤ 고무밴드를 통과시킨다

고무밴드 통로 입구

⑥ 1cm 겹쳐 봉합한다

앞(안) 소매(안)

⑥ 밑단을 봉합한다. (No.3~5만)

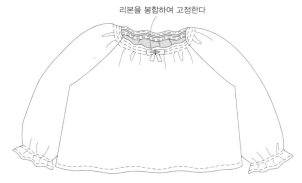

두 번 접어 봉합

(안)
1.5cm
1cm

⑦ 리본을 만들어 단다. (No.1·3·4 만)

리본을 봉합하여 고정한다

---

② 옆선을 봉합한다.

뒤(겉)

② 가름솔한다

앞(안)

① 봉합

③ 허리에 고무밴드를 단다.
(No.2·5만)

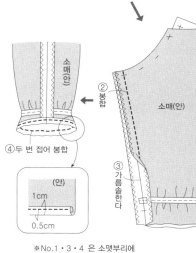

뒤(겉)

앞(안)

고무밴드를 늘려가며 봉합
(No.2·5 만)

옆선

고무밴드 1cm를 겹친다

(안)

(안)
1.5cm
1cm

1~5의 만드는 방법

봉합의 시작과 끝은 되돌아박기를 하세요.

● 봉합 시작 전에 ●
옆·소매 아래의 원단 끝에 지그재그 봉제 또는 오버록 처리를 합니다.

① 소매를 만든다.

No.2·5

소매(안)

① 고무밴드를 늘려가며 봉합

소매(안)

소매(안)

② 봉합

③ 가름솔한다

④ 두 번 접어 봉합

(안)
1cm
0.5cm

※No.1·3·4 은 소맷부리에 바이어스테이프를 붙입니다.

● No.1 겉감 재단 방법 ●

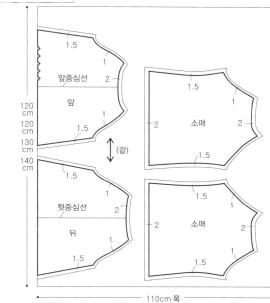

120 cm
120 cm
130 cm
140 cm

1.5
1
앞중심선
2
앞
1.5
1

1.5
1
소매
2
1.5

1.5
1
뒷중심선
2
뒤
1.5

1.5
1
소매
2
1.5

(겉)

110cm 폭

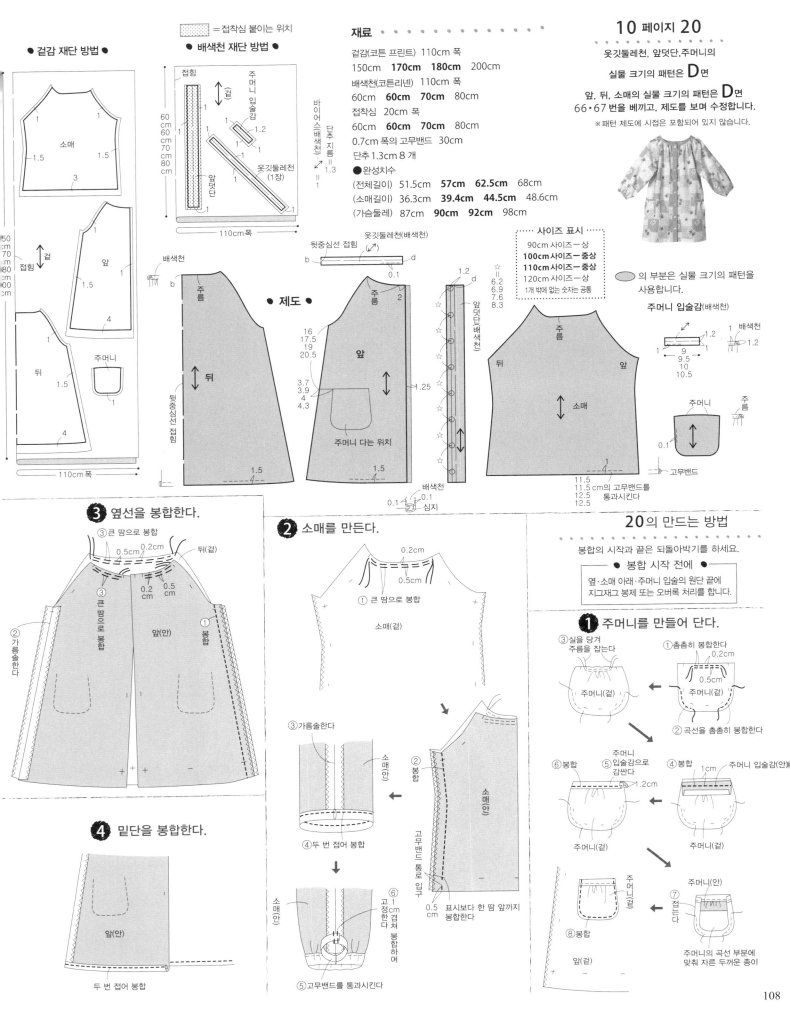

● 겉감 재단 방법 ●

● 배색천 재단 방법 ●

= 접착심 붙이는 위치

재료

겉감(코튼 프린트) 110cm 폭
150cm **170cm 180cm** 200cm
배색천(코튼리넨) 110cm 폭
60cm **60cm 70cm** 80cm
접착심 20cm 폭
60cm **60cm 70cm** 80cm
0.7cm 폭의 고무밴드 30cm
단추 1.3cm 8 개

● 완성치수
(전체길이) 51.5cm **57cm 62.5cm** 68cm
(소매길이) 36.3cm **39.4cm 44.5cm** 48.6cm
(가슴둘레) 87cm **90cm 92cm** 98cm

10 페이지 20

옷깃둘레천, 앞덧단,주머니의
실물 크기의 패턴은 **D**면

앞, 뒤, 소매의 실물 크기의 패턴은 **D**면
66·67 번을 베끼고, 제도를 보며 수정합니다.

※ 패턴 제도에 시접은 포함되어 있지 않습니다.

● 제도 ●

┌─── 사이즈 표시 ───┐
90cm 사이즈―상
100cm 사이즈―중상
110cm 사이즈―중상
120cm 사이즈―상
1개 밖에 없는 숫자는 공통
└─────────────┘

의 부분은 실물 크기의 패턴을
사용합니다.

주머니 입술감(배색천)

소매
주름
주머니
뒤
앞

❸ 옆선을 봉합한다.
③ 큰 땀으로 봉합
뒤(겉)
앞(안)
봉합
② 가름솔한다

❹ 밑단을 봉합한다.
앞(안)
두 번 접어 봉합

❷ 소매를 만든다.
① 큰 땀으로 봉합
소매(겉)
③ 가름솔한다
④ 두 번 접어 봉합
⑤ 고무밴드를 통과시킨다
⑥ 고 1 정 cm 한 겹 쳐 봉합 하여
소매(안)
② 봉합
고무밴드 통로 입구
0.5cm 표시보다 한 땀 앞까지 봉합한다

20의 만드는 방법

봉합의 시작과 끝은 되돌아박기를 하세요.

── ● 봉합 시작 전에 ● ──
옆·소매 아래·주머니 입술의 원단 끝에
지그재그 봉제 또는 오버록 처리를 합니다.

❶ 주머니를 만들어 단다.
① 촘촘히 봉합한다
② 곡선을 촘촘히 봉합한다
③ 실을 당겨 주름을 잡는다
주머니(겉)
④ 봉합
⑤ 입술감으로 감싼다
⑥ 봉합
주머니 입술감(안)
⑦ 접는다
⑧ 봉합
주머니(안)
앞(겉)
주머니의 곡선 부분에 맞춰 자른 두꺼운 종이

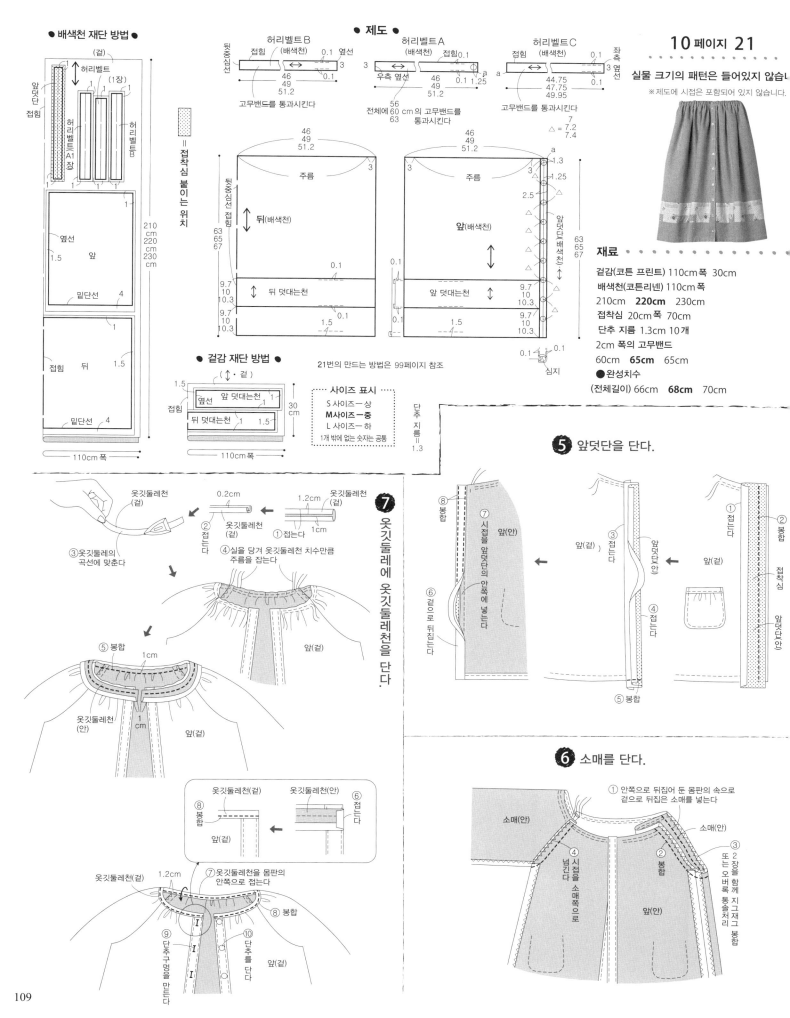

● 배색천 재단 방법 ●

(겉)
허리벨트
(1장)
앞덧단 접힘
허리벨트A(1장)
허리벨트B
접힘
1.5
앞
옆선
210 cm / 220 cm / 230 cm
밑단선 4
1
접힘 뒤 1.5
밑단선 4
110cm 폭

= 접착심 붙이는 위치

● 겉감 재단 방법 ●

(↕·겉)
1.5
옆선 앞 덧대는천 1
접힘
뒤 덧대는천 1 1.5
30 cm
110cm 폭

단추 지름 = 1.3

사이즈 표시
S 사이즈ー상
M사이즈ー중
L 사이즈ー하
1개 밖에 없는 숫자는 공통

● 제도 ●

허리벨트B (배색천)
뒷중심선 접힘
0.1 옆선
3
46 / 49 / 51.2
0.1
고무밴드를 통과시킨다

허리벨트A (배색천)
접힘 0.1
3
46 / 49 / 51.2
우측 옆선
0.1 1.25 ⓐ
56 / 63
전체에 60 cm의 고무밴드를 통과시킨다

허리벨트C (배색천)
접힘 0.1 좌측
3 옆선
44.75 / 47.75 / 49.95
0.1
고무밴드를 통과시킨다
7 / 7.2 / 7.4
△ =

뒷중심선 접힘
46 / 49 / 51.2
주름 3
뒤(배색천)
63 / 65 / 67
9.7 / 10 / 10.3
뒤 덧대는천 0.1
9.7 / 10 / 10.3
1.5
0.1

0.1
46 / 49 / 51.2
주름 3
앞(배색천)
앞덧단(배색천)
ⓐ 1.3
1.25
2.5
△ (반복)
63 / 65 / 67
9.7 / 10 / 10.3
앞 덧대는천
9.7 / 10 / 10.3
1.5
0.1 심지

21번의 만드는 방법은 99페이지 참조

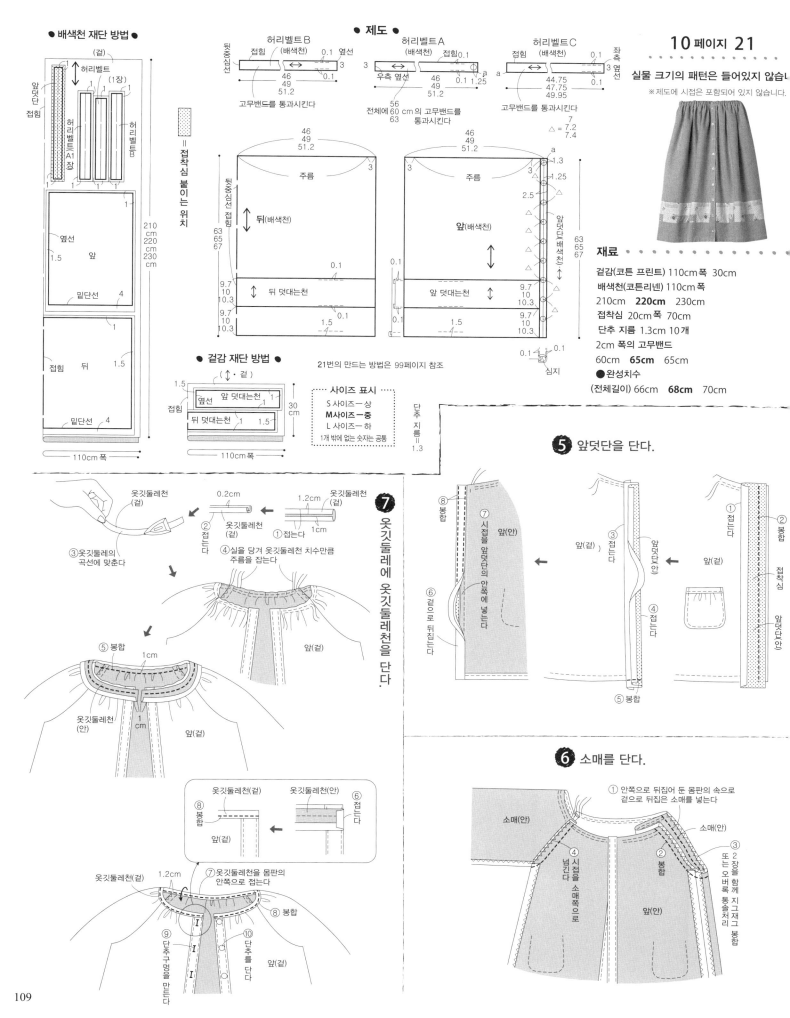

10 페이지 21

실물 크기의 패턴은 들어있지 않습니...

※제도에 시접은 포함되어 있지 않습니다.

재료 ●

겉감(코튼 프린트) 110cm폭 30cm
배색천(코튼리넨) 110cm 폭
210cm **220cm** 230cm
접착심 20cm 폭 70cm
단추 지름 1.3cm 10개
2cm 폭의 고무밴드
60cm **65cm** 65cm

● 완성치수
(전체길이) 66cm **68cm** 70cm

---

❺ 앞덧단을 단다.

① 접는다
② 봉합
③ 접는다
④ 접는다
⑤ 봉합
⑥ 겉으로 뒤집는다
⑦ 시접을 앞덧단의 안쪽에 넣는다
⑧ 봉합
앞(겉) 앞(안) 앞덧단(안) 앞덧단(배색천)
접착심

---

❼ 옷깃둘레에 옷깃둘레천을 단다.

옷깃둘레천(겉)
① 접는다
② 접는다 0.2cm
옷깃둘레천(겉) 1.2cm 1cm
③ 옷깃둘레의 곡선에 맞춘다
④ 실을 당겨 옷깃둘레천 치수만큼 주름을 잡는다

⑤ 봉합 1cm
옷깃둘레천(안) 앞(겉) 1 cm

옷깃둘레천(겉) 옷깃둘레천(안)
⑧ 봉합 ⑥ 접는다
앞(겉)

옷깃둘레천(겉)
1.2cm
⑦ 옷깃둘레천을 몸판의 안쪽으로 접는다
⑧ 봉합
⑨ 단추구멍을 만든다
⑩ 단추를 단다
앞(겉)

---

❻ 소매를 단다.

소매(안)
① 안쪽으로 뒤집어 둔 몸판의 속으로 겉으로 뒤집은 소매를 넣는다
소매(안)
② 봉합
③ 2장을 함께 오버록 지그재그 통솔처리 봉합
④ 시접을 소매쪽으로 넘긴다
앞(안)

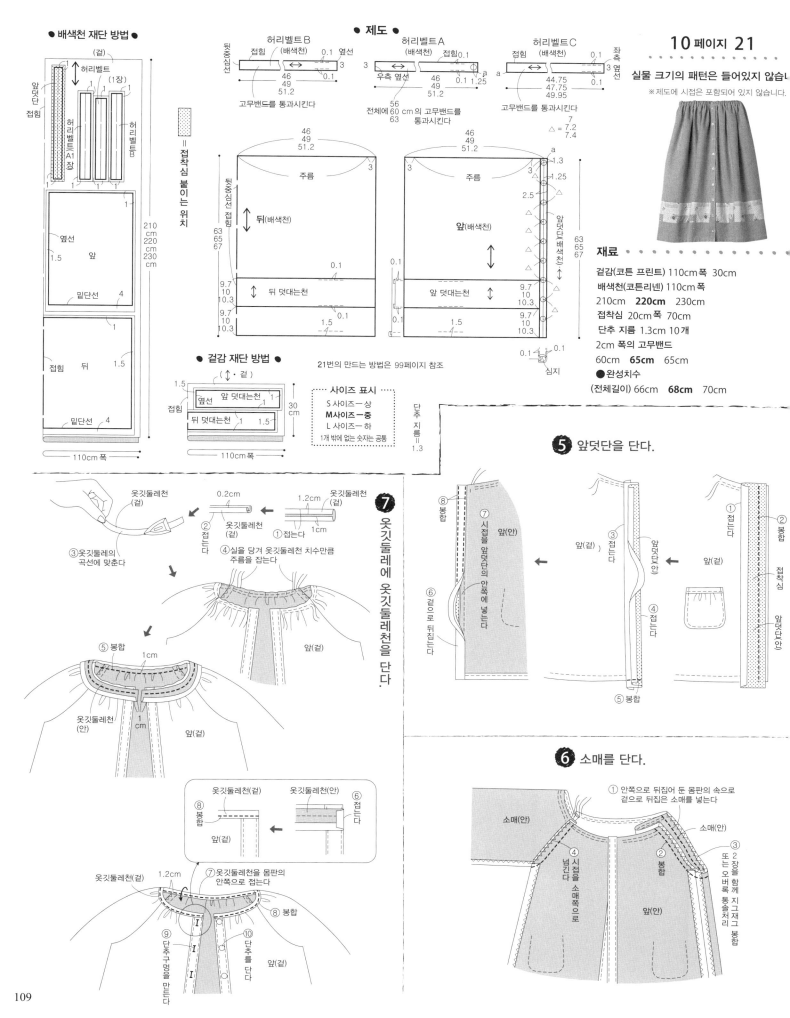

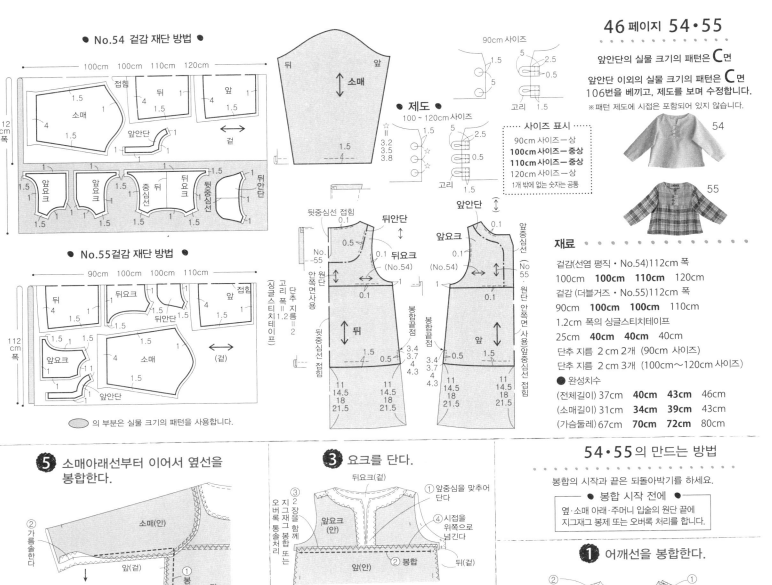

● No.54 겉감 재단 방법 ●

100cm 100cm 110cm 120cm

접힘

소매, 뒤, 앞, 앞안단

앞요크, 앞요크, 중심선 뒤, 뒤요크, 뒷중심선, 뒤안단

12cm 폭

● No.55겉감 재단 방법 ●

90cm 100cm 100cm 110cm

뒤, 뒤요크, 접힘, 앞

뒤안단, 앞요크, 소매, 앞안단

112cm 폭

고리 폭 = 1.2cm (싱글스티치테이프)

단추 지름 = 2

의 부분은 실물 크기의 패턴을 사용합니다.

● 제도 ●
100 ~ 120cm 사이즈

90cm 사이즈
1.5 / 2.5 / 0.5 / 고리 1.5

소매

뒤 앞

뒷중심선 접힘
0.1 / 0.5 / 뒤안단 / 0.1 / 뒤요크 (No.54)
앞요크 (No.55) / 0.1 / 앞안단 / 앞중심선

뒤 / 앞

사이즈 표시
90cm 사이즈—상
100cm 사이즈—중상
110cm 사이즈—중상
120cm 사이즈—상
1개 밖에 없는 숫자는 공통

앞안단의 실물 크기의 패턴은 **C**면
앞안단 이외의 실물 크기의 패턴은 **C**면 106번을 베끼고, 제도를 보며 수정합니다.
※ 패턴 제도에 시접은 포함되어 있지 않습니다.

54
55

재료
겉감(선염 평직 · No.54)112cm 폭
100cm **100cm** **110cm** 120cm
겉감 (더블거즈 · No.55)112cm 폭
90cm **100cm** **100cm** 110cm
1.2cm 폭의 싱글스티치테이프
25cm **40cm** **40cm** 40cm
단추 지름 2 cm 2개 (90cm 사이즈)
단추 지름 2 cm 3개 (100cm~120cm 사이즈)

● 완성치수
(전체길이) 37cm **40cm** **43cm** 46cm
(소매길이) 31cm **34cm** **39cm** 43cm
(가슴둘레) 67cm **70cm** **72cm** 80cm

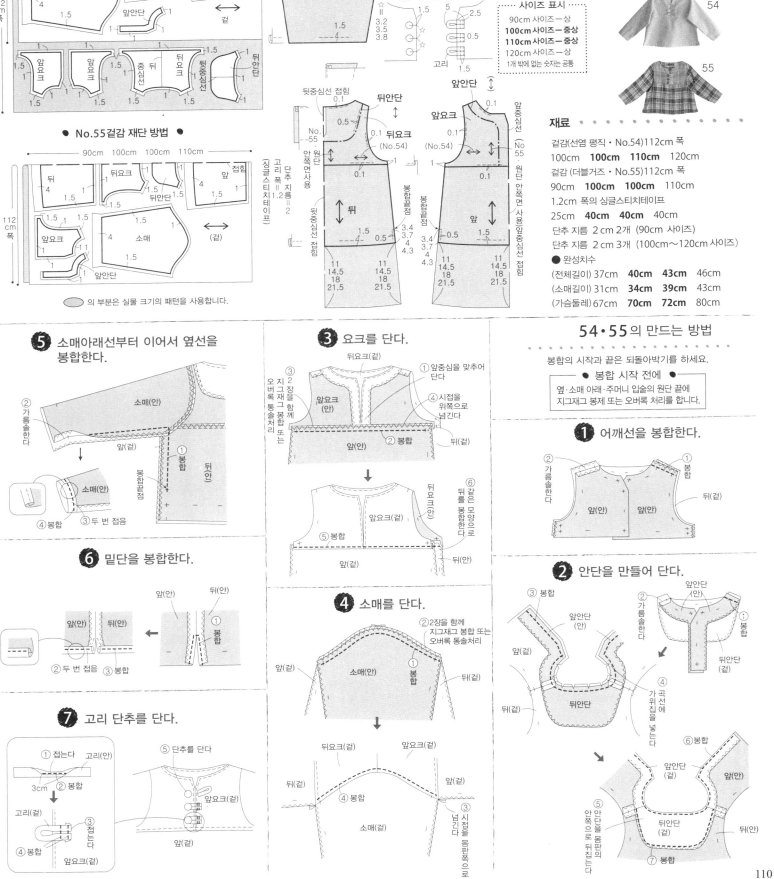

54·55의 만드는 방법

봉합의 시작과 끝은 되돌아박기를 하세요.

● 봉합 시작 전에 ●
옆·소매 아래·주머니 입술의 원단 끝에 지그재그 봉제 또는 오버록 처리를 합니다.

❶ 어깨선을 봉합한다.

❷ 안단을 만들어 단다.

❸ 요크를 단다.

❹ 소매를 단다.

❺ 소매아래선부터 이어서 옆선을 봉합한다.

❻ 밑단을 봉합한다.

❼ 고리 단추를 단다.

110

재료 · · · · · · · · ·
겉감 (코튼리넨 · No.81 · 84)20cm 폭 50cm
겉감(코튼리넨 캔버스 · No.94)20cm 폭 50cm
굵기 0.3cm 의 장식끈 100cm
나무구슬 15mm 2개
자수실 (No.81 · 84)
● 완성치수
　세로 16cm× 가로 9cm× 밑모서리 8cm

54 페이지 81·84
58 페이지 94

실물 크기의 패턴은 들어있지 않습니다.

※제도에 시접은 포함되어 있지 않습니다. □주위의 숫자는 시접입니다. 지정하지 않은 곳은 전부 1cm의 시접을 붙여 재단합니다.

● 제도 ●

끈 통과 방향
나무구슬　　나무구슬

84　　　　81

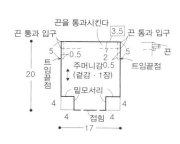
끈을 통과시킨다　　3.5　끈 통과 입구
끈 통과 입구
5　　0.5　　7　2　5　끈
주머니감0.5
(겉감 · 1장)
20
트임끝점
밑모서리
4　　　4
4　접힘　4
17
장식끈 2개　길이 50　굵기 0.3

94

재료 · · · · · · · · ·
겉감 (코튼리넨 · No.80 · 83)30cm 폭 60cm
겉감(코튼리넨 캔버스 · No.95)30cm 폭 60cm
굵기 0.3cm 의 장식끈 130cm
나무구슬 15mm 2개
자수실 (No.80 · 83)
● 완성치수
　세로 20cm× 가로 17cm× 밑모서리 10cm

54 페이지 80·83
58 페이지 95

실물 크기의 패턴은 들어있지 않습니...

※제도에 시접은 포함되어 있지 않습니다. □주위의 숫자는 시접입니다. 지정되지 않은 곳은 전부 1cm의 시접을 붙여 재단합니다.

● 제도 ●

장식끈 2개　길이 65　굵기 0.3

끈 통과 방향
나무구슬　　나무구슬

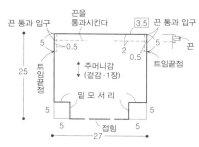
끈을 통과시킨다　　3.5　끈 통과 입구
끈 통과 입구
5　0.5　　2　5　끈
0.5
25
주머니감
(겉감 · 1장)
트임끝점
밑모서리
5　접힘　5
27
트임끝점

80

83

95

---

③ 트임부분을 봉합한다.

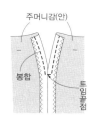
주머니감(안)
봉합
트임끝점

81·84·94의 만드는 방법

봉합의 시작과 끝은 되돌아박기를 하세요.
● 봉합 시작 전에 ●
①No.81·84 에 표시점을 찍었다면 재단하기 전에 원하는 위치에 자수와 장식스티치를 합니다.
②옆선의 원단 끝에 지그재그 봉제 또는 오버록 처리를 합니다.

80·83·95의 만드는 방법

봉합의 시작과 끝은 되돌아박기를 하세요.
● 봉합 시작 전에 ●
①No.80·83 에 표시점을 찍었다면 재단하기 전에 원하는 위치에 자수와 장식스티치를 합니다.
②옆선의 원단 끝에 지그재그 봉제 또는 오버록 처리를 합니다.

---

④ 주머니 입구를 봉합한다.

두 번 접어 봉합
주머니감(안)

① 옆선을 봉합한다.

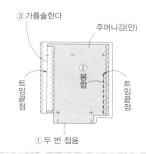
③ 가름솔한다
주머니감(안)
트임끝점
② 봉합
① 두 번 접음
트임끝점

③ 트임부분을 봉합한다.

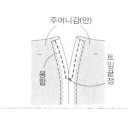
주머니감(안)
봉합
트임끝점

④ 주머니 입구를 봉합한다.

두 번 접어 봉합
주머니감(안)

① 옆선을 봉합한다.

트임끝점
③ 가름솔한다
주머니감(안)
주머니감(겉)
① 두 번 접음　② 봉합

---

⑤ 끈을 통과시킨다.

③ 끈을 묶는다
① 끈을 통과시킨다
주머니감(겉)
② 나무구슬을 통과시킨다

② 밑모서리를 봉합한다.

주머니감(안)
② 봉합
③ 2장을 함께 통솔 지그재그 봉제 또는 오버록 처리
① 바닥 중앙과 옆선의 솔기를 맞춘다

⑤ 끈을 통과시킨다.

② 나무구슬을 통과시킨다
① 끈을 통과시킨다
② 끈을 묶는다
주머니감(겉)

② 밑모서리를 봉합한다.

주머니감(안)
② 봉합
③ 2장을 함께 통솔 지그재그 봉제 또는 오버록 처리
① 바닥 중앙과 옆선의 솔기를 맞춘다

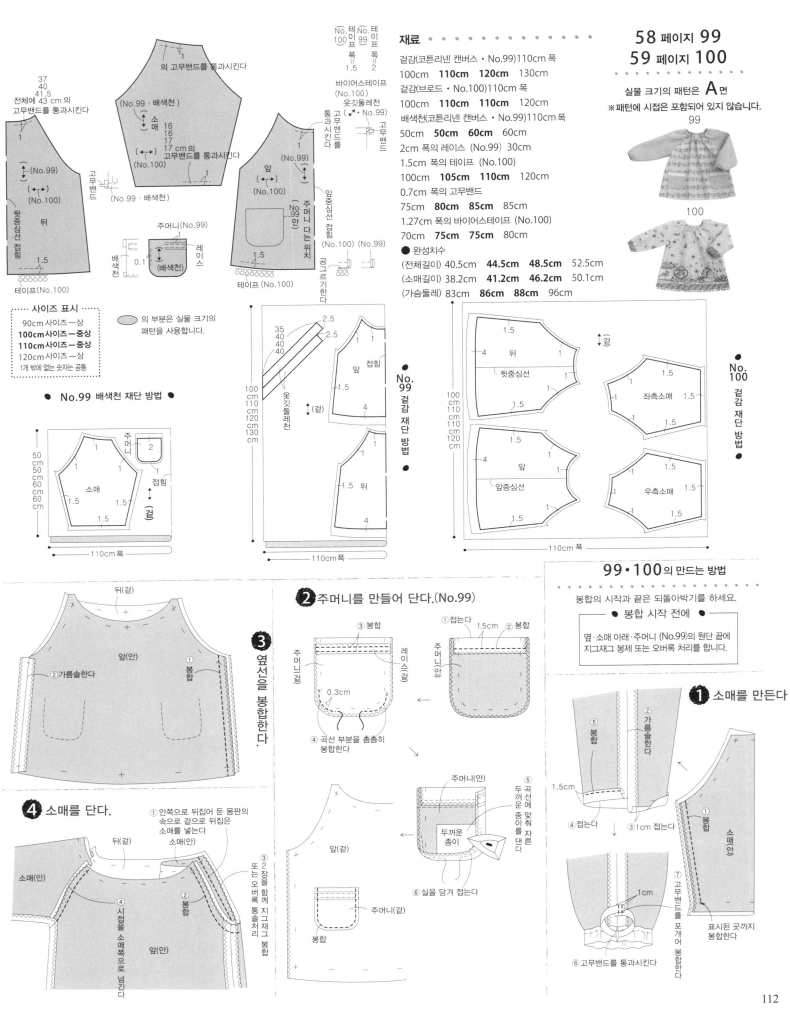

실물 크기의 패턴은 **A**면
※패턴에 시접은 포함되어 있지 않습니다.

99

100

재료

겉감(코튼리넨 캔버스·No.99)110cm 폭
100cm **110cm 120cm** 130cm

겉감(브로드·No.100)110cm 폭
100cm **110cm 110cm** 120cm

배색천(코튼리넨 캔버스·No.99)110cm 폭
50cm **50cm 60cm** 60cm

2cm 폭의 레이스 (No.99) 30cm

1.5cm 폭의 테이프 (No.100)
100cm **105cm 110cm** 120cm

0.7cm 폭의 고무밴드
75cm **80cm 85cm** 85cm

1.27cm 폭의 바이어스테이프 (No.100)
70cm **75cm 75cm** 80cm

● 완성치수

(전체길이) 40.5cm **44.5cm 48.5cm** 52.5cm
(소매길이) 38.2cm **41.2cm 46.2cm** 50.1cm
(가슴둘레) 83cm **86cm 88cm** 96cm

37
40
41.5
전체에 43 cm 의
고무밴드를 통과시킨다

의 고무밴드를 통과시킨다

(No.99·배색천)

소매
16
16
17
( ) 17 cm 의
(No.100) 고무밴드를 통과시킨다

(No.99)

(No.99·배색천)

(No.99)

(No.100)

뒤

(No.99)

(No.100)

고무밴드

뒤중심선 접힘

1.5

테이프(No.100)

주머니(No.99)

배색천 0.1 레이스
(배색천)

앞 (No.99)
(No.100)

(No.99 만) 주머니 다는 위치

앞중심선 접힘

공그르기 한다

테이프(No.100)

■ 사이즈 표시 ■
90cm 사이즈—상
100cm 사이즈—중상
110cm 사이즈—중상
120cm 사이즈—상
1개 밖에 없는 숫자는 공통

의 부분은 실물 크기의 패턴을 사용합니다.

● No.99 배색천 재단 방법 ●

50cm 50cm 60cm 60cm
주머니
2
소매
접힘
1.5
110cm 폭

No.99 겉감 재단 방법

35 40 40 40
2.5 2.5
앞 접힘
1.5
1.5
옷깃둘레천
100cm 110 120 130 cm
뒤
1.5 4
4
110cm 폭

No.100 겉감 재단 방법

1.5
4 뒤 뒷중심선 1
1.5
좌측소매 1.5
1.5
4 앞 앞중심선 1
우측소매 1.5
1.5
100 cm 110 cm 110 cm 120 cm
110cm 폭

99·100의 만드는 방법

봉합의 시작과 끝은 되돌아박기를 하세요.

● 봉합 시작 전에 ●
옆·소매 아래·주머니 (No.99)의 원단 끝에 지그재그 봉제 또는 오버록 처리를 합니다.

❷ 주머니를 만들어 단다.(No.99)

③봉합
①접는다 1.5cm ②봉합
주머니(겉)
레이스(겉)
0.3cm
주머니(안)
④곡선 부분을 촘촘히 봉합한다

⑤두꺼운 종이에 곡선을 맞춰 자른다
두꺼운 종이
⑥실을 당겨 접는다

앞(겉)
봉합
주머니(겉)
봉합

❶ 소매를 만든다

⑤봉합
②가름솔한다
1.5cm
④접는다 ③1cm 접는다
①봉합
소매(안)
1cm
⑥고무밴드를 통과시킨다
⑦고무밴드를 포개어 표시된 곳까지 봉합한다

❸ 옆선을 봉합한다.

뒤(겉)
②가름솔한다
앞(안)
①봉합

❹ 소매를 단다.

①안쪽으로 뒤집어 둔 몸판의 속으로 겉으로 뒤집은 소매를 넣는다
②
③2장을 함께 오버록 또는 지그재그 통솔 봉합
뒤(겉)
소매(안)
소매(안)
④
앞(안)
⑤시접을 소매쪽으로 넘긴다

112

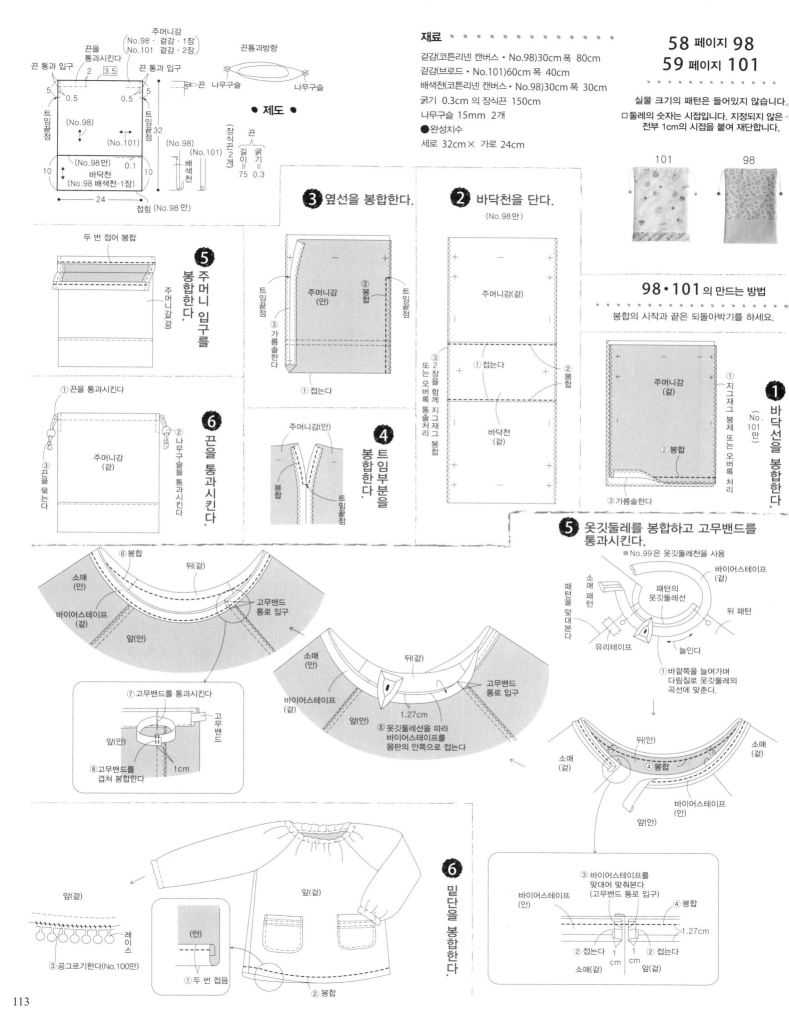

● 제도 ●

끈을 통과시킨다

끈 통과 입구

주머니감
(No.98・겉감・1장)
(No.101 겉감・2장)

끈통과방향

끈
나무구슬
나무구슬

끈 통과 입구
끈 통과 입구

2 3.5
5 0.5 0.5 5

트임끝점

(No.98)
(No.101)

(No.98)
(No.101)

32

(장식끈2개)

끈
길 굵
이 기
75 0.3

트임끝점

0.1

10 바닥천 10
(No.98만)
(No.98 배색천・1장)

배색천

24
접힘 (No.98 만)

재료

겉감(코튼리넨 캔버스・No.98)30cm 폭 80cm
겉감(브로드・No.101)60cm 폭 40cm
배색천(코튼리넨 캔버스・No.98)30cm 폭 30cm
굵기 0.3cm 의 장식끈 150cm
나무구슬 15mm 2개
●완성치수
세로 32cm× 가로 24cm

58 페이지 98
59 페이지 101

실물 크기의 패턴은 들어있지 않습니다.
□둘레의 숫자는 시접입니다. 지정되지 않은
전부 1cm의 시접을 붙여 재단합니다.

101 98

98・101의 만드는 방법

봉합의 시작과 끝은 되돌아박기를 하세요.

❸ 옆선을 봉합한다.

트임끝점

주머니감
(안)

② 봉합

트임끝점

③ 가름솔한다

① 접는다

❷ 바닥천을 단다.
(No.98만)

주머니감(겉)

② 2
장을
함께
지그재그
또는
오버록
처리

① 접는다

② 봉합

바닥천(겉)

❶ 바닥선을 봉합한다.
(No.101만)

주머니감
(겉)

① 지그재그 봉제 또는 오버록 처리

② 봉합

③ 가름솔한다

❺ 주머니 입구를 봉합한다.

두 번 접어 봉합

주머니감(겉)

❻ 끈을 통과시킨다.

① 끈을 통과시킨다

② 나무구슬을 통과시킨다

주머니감
(겉)

③ 끈을 묶는다

❹ 트임부분을 봉합한다.

주머니감(안)

봉합

트임끝점

❺ 옷깃둘레를 봉합하고 고무밴드를 통과시킨다.

※No.99은 옷깃둘레천을 사용

소매 패턴
패턴을 맞대어 본다

바이어스테이프(겉)

패턴의 옷깃둘레선

뒤 패턴

유리테이프

늘인다

① 바깥쪽을 늘여가며 다림질로 옷깃둘레의 곡선에 맞춘다.

소매(안)

뒤(겉)

⑥ 봉합

고무밴드 통로 입구

바이어스테이프(겉)

앞(안)

⑦ 고무밴드를 통과시킨다

앞(안)

고무밴드

⑧ 고무밴드를 겹쳐 봉합한다

1cm

소매(안)

뒤(겉)

바이어스테이프(겉)

고무밴드 통로 입구

앞(안)

1.27cm

⑤ 옷깃둘레선을 따라 바이어스테이프를 몸판의 안쪽으로 접는다

뒤(안)

④ 봉합

소매(겉)

소매(겉)

앞(안)

바이어스테이프(안)

③ 바이어스테이프를 맞대어 맞춰본다 (고무밴드 통로 입구)

바이어스테이프(안)

④ 봉합

② 접는다 1cm
② 접는다 1cm
1.27cm

소매(겉) 앞(겉)

❻ 밑단을 봉합한다.

앞(겉)

앞(겉)

(안)

① 두 번 접음

② 봉합

앞(겉)

레이스

③ 공그르기한다(No.100만)

① 두 번 접음

② 봉합

No.88·89

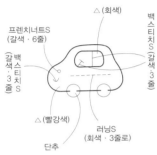

백스티치(녹색 · 3줄)

△(분홍색)

△(녹색)

프렌치너트스티츠 S (갈색 · 6줄)

직선봉합S (흰색 · 3줄)

△(빨강색)

백스티치 S (갈색 · 3줄)

No.86·87

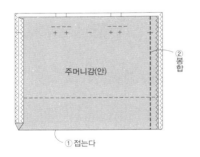

S=스티치
△=워셔블 펠트

프렌치너트S (갈색 · 6줄)

△(회색)

백스티치S (갈색 3줄)

백스티치S (갈색 · 3줄 S)

△(빨강색)

단추

러닝S (회색 · 3줄로)

❸ 옆선을 봉합한다.

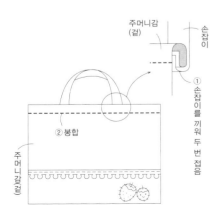

주머니감(안)

② 봉합

① 접는다

❹ 주머니 입구를 봉합한다.

주머니감 (겉)

손잡이

② 봉합

① 손잡이를 끼워 두 번 접음

주머니감(겉)

재료

겉감(코튼 퀼팅) 50cm 폭 70cm
배색천(코튼리넨) 50cm 폭 30cm
2.5cm 폭의 가방끈 (No.87)80cm
2.5cm 폭의 가방끈 (No.88)80cm
1cm 폭의 봉봉블레이드 (No.88)90cm
워셔블 펠트
분홍색 6 cm×6cm(No.88)
빨강색 5cm×5cm(No.88) 10cm×10cm(No.87)
녹색 6 cm×6cm(No.88)
회색 5cm×5cm(No.87)
단추 지름 1.5cm 2개 (No.87)
25 수 자수실
(갈색·회색·빨강색) No.87
(녹색·갈색·흰색·분홍색·분홍색·No.88)
★실물 크기의 아플리케도안은 B면
● 완성치수
세로 30cm× 가로 40cm

손잡이
No.88 · 가방끈
No.87 · 가방끈 · 각2개

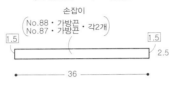

1.5   1.5

2.5

36

❷ 블레이드, 아플리케를 단다.

(No.88)

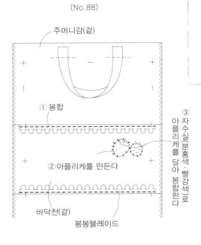

주머니감(겉)

① 봉합

② 아플리케를 만든다

③ 자수실(분홍색·빨강색)로 아플리케를 달아 봉합한다

바닥천(겉)

봉봉블레이드

(No.87)

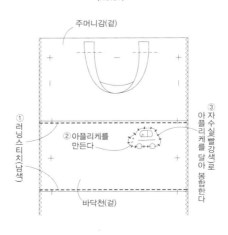

주머니감(겉)

① 러닝스티치(남색)

② 아플리케를 만든다

③ 자수실 빨강색으로 아플리케를 달아 봉합한다

바닥천(겉)

실물 크기의 패턴은 들어있지 않습니다.
※제도에 시접은 포함되어 있지 않습니다.
□둘레의 숫자는 시접입니다. 지정하지 않은 곳은 전부 1cm의 시접을 붙여 재단합니다.

88   87

● 제도 ●

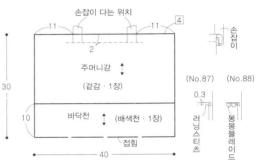

손잡이 다는 위치

11   11   4

2

주머니감 (겉감 · 1장)

30

10   바닥천 (배색천 · 1장)

접힘

40

손잡이

(No.87) (No.88)

0.3

러닝스티치   봉봉블레이드

※ 아플리케를 균형에 맞춰 적당한 위치에 달아줍니다.

87·88의 만드는 방법

봉합의 시작과 끝은 되돌아박기를 하세요.

❶ 바닥천, 손잡이를 단다.

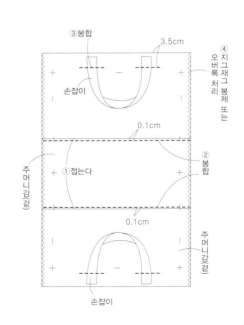

③봉합

3.5cm

손잡이

0.1cm

① 접는다

② 봉합

0.1cm

주머니감(겉)

주머니감(겉)

④ 지그재그 봉제 또는 오버록 처리

손잡이

재료 ●●●●●●●●●●●●●

실물 크기의 패턴은 들어있지 않습니다.
※제도에 시접은 포함되어 있지 않습니다.

겉감(코튼 퀼팅) 30cm 폭 70cm
배색천(코튼리넨 캔버스) 30cm 폭
2.5cm 폭의 가방끈 70cm(No.86)
2.5cm 폭의 가방끈 70cm(No.89)
굵기 0.5cm 의 둥근끈 120cm
1cm 폭의 봉봉블레이드 50cm(No.89)
워셔블 펠트
분홍색 6cm×6cm(No.89)
빨강색 5cm×5cm(No.89)빨강색 10cm×10cm(No.86)
녹색 6cm×6cm(No.89)
회색 5cm×5cm(No.86)
단추 지름 1.5cm 2개 (No.86)
25 수 자수실
(갈색·회색·빨강색 No.86)
(녹색·갈색·흰색·분홍색·빨강색·No.89)
★실물 크기의 아플리케도안은 B면
● 완성치수
세로 26cm× 가로 16cm× 밑모서리cm

□둘레의 숫자는 시접입니다. 지정하지 않은
곳은 전부 1cm의 시접을 붙여 재단합니다.

※아플리케는 균형에 맞춰 적당한 위치에 달아줍니다.

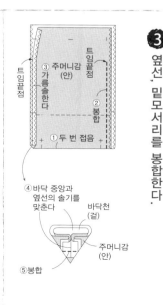
89   86

86·89의 만드는 방법

봉합의 시작과 끝은 되돌아박기를 하세요.

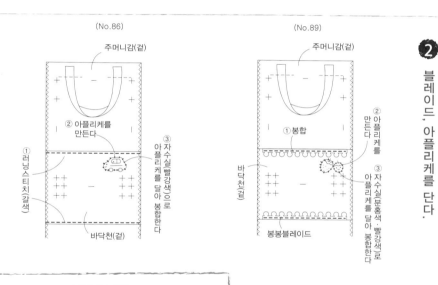

(No.86) (No.89)

❷ 블레이드, 아플리케를 단다.

❶ 바닥천, 손잡이를 단다.

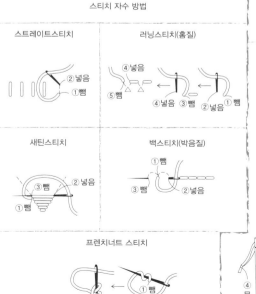

스티치 자수 방법

스트레이트스티치   러닝스티치(홈질)

새틴스티치   백스티치(박음질)

프렌치너트 스티치

❺ 주머니 입구를 봉합하고, 끈을 통과시킨다.

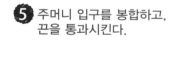
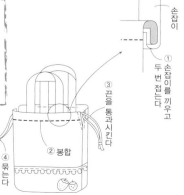

❹ 트임부분을 봉합한다.

❸ 옆선, 밑모서리를 봉합한다.

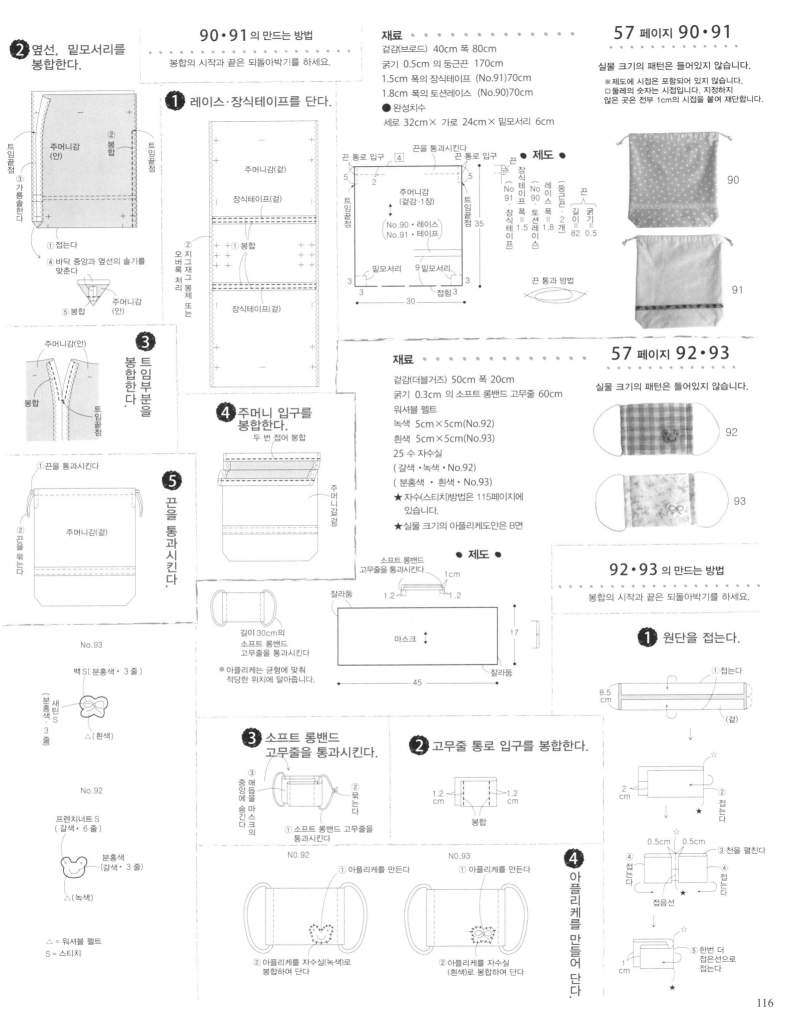

② 옆선, 밑모서리를 봉합한다.

주머니감(안)
② 봉합
③ 가름솔한다
① 접는다
④ 바닥 중앙과 옆선의 솔기를 맞춘다
⑤ 봉합
주머니감(안)
틈임끝점

90·91 의 만드는 방법

봉합의 시작과 끝은 되돌아박기를 하세요.

① 레이스·장식테이프를 단다.

주머니감(겉)
장식테이프(겉)
① 봉합
② 지그재그 봉제 또는 오버록 처리
장식테이프(겉)

③ 틈임부분을 봉합한다.

주머니감(안)
봉합
틈임끝점

④ 주머니 입구를 봉합한다.

두 번 접어 봉합
주머니감(겉)

⑤ 끈을 통과시킨다.

① 끈을 통과시킨다
② 끈을 묶는다
주머니감(겉)

재료

겉감(브로드) 40cm 폭 80cm
굵기 0.5cm 의 둥근끈 170cm
1.5cm 폭의 장식테이프 (No.91)70cm
1.8cm 폭의 토션레이스 (No.90)70cm
● 완성치수
세로 32cm× 가로 24cm× 밑모서리 6cm

● 제도 ●

끈 통로 입구 [4] 끈을 통과시킨다 끈 통로 입구
주머니감 (겉감·1장)
No.90 · 레이스
No.91 · 테이프
밑모서리 밑모서리
접힘 3
30
35

장식테이프(폭=1.5) (No.91·장식테이프)
레이스 폭=1.8 (No.90·토션레이스)
끈 (통과분·2개)
끈 길이 82 굵기 0.5

끈 통과 방법

실물 크기의 패턴은 들어있지 않습니다.

※제도에 시접은 포함되어 있지 않습니다.
□둘레의 숫자는 시접입니다. 지정하지 않은 곳은 전부 1cm의 시접을 붙여 재단합니다.

90

91

실물 크기의 패턴은 들어있지 않습니다.

92

93

재료

겉감(더블거즈) 50cm 폭 20cm
굵기 0.3cm 의 소프트 롱밴드 고무줄 60cm
워셔블 펠트
녹색 5cm×5cm(No.92)
흰색 5cm×5cm(No.93)
25 수 자수실
(갈색 ·녹색 ·No.92)
(분홍색 · 흰색 ·No.93)
★자수(스티치)방법은 115페이지에 있습니다.
★실물 크기의 아플리케도안은 B면

● 제도 ●

소프트 롱밴드 고무줄을 통과시킨다
1cm
1.2 1.2
마스크
17
45
잘라둠
잘라둠

길이 30cm의 소프트 롱밴드 고무줄을 통과시킨다

※아플리케는 균형에 맞춰 적당한 위치에 달아줍니다.

92·93 의 만드는 방법

봉합의 시작과 끝은 되돌아박기를 하세요.

① 원단을 접는다.

① 접는다
8.5cm
(겉)
2cm
② 접는다
0.5cm 0.5cm
④ 접는다 ③ 천을 펼친다
② 접는다
접음선
1cm
⑤ 한번 더 접은선으로 접는다

③ 소프트 롱밴드 고무줄을 통과시킨다.

③ 매듭을 중앙에 숨긴다
② 묶는다
마스크의
① 소프트 롱밴드 고무줄을 통과시킨다

② 고무줄 통로 입구를 봉합한다.

1.2cm 1.2cm
봉합

④ 아플리케를 만들어 단다.

No.92
① 아플리케를 만든다
② 아플리케를 자수실(녹색)로 봉합하여 단다

No.93
① 아플리케를 만든다
② 아플리케를 자수실(흰색)로 봉합하여 단다

No.93
백S(분홍색 · 3 줄)
새틴S (분홍색·3줄)
△(흰색)

No.92
프렌치너트 S (갈색· 6 줄)
분홍색(갈색· 3 줄)
△(녹색)

△ = 워셔블 펠트
S = 스티치

내 손으로 직접 만들어 입히는
아이옷 만들기 : **쿠 치 토**

〈CUCITO 창간호〉
2010 겨울호
정가 12,000원

〈CUCITO Vol.2〉
2010−2011 겨울·초봄호
임시특가 13,500원

〈CUCITO Vol.3〉
2011 봄호
정가 12,000원

아이옷 만들기 : **쿠 치 토**

CUCITO Vol.3
2011 봄호

발행인 신현호
편집장 정용효
에디터 임태훈, 이재숙, 정미정
편집 강미희, 김미향, 김석지
번역 leestran (강명희)
인쇄 호성인쇄
발행일 2011년 3월 15일
발행처 (주)코하스 소잉 연구소 소잉스토리 사업팀
　　　　 광주광역시 북구 신안동 252−8번지 해은회관 7층
대표전화 070_4014_3299
팩스 062_515_8958
홈페이지 www.sewingstory.com

ISBN 978−89−94710−09−9
ISBN 978−89−963092−6−0 (세트)

다음호 아이옷 만들기 : CUCITO 여름호는 6월에 발간될 예정입니다.

〈다음호 예고〉

여름의 캐주얼웨어
다 같이 맞춰 입는 여름 패밀리룩
여름의 베이비웨어
손수 만드는 여름 모자

※ 다음호 예고는 일부 변경되는 경우도 있습니다.